微课学
Illustrator CC 2023
图形设计

卢斌　编著

清華大學出版社

北京

内容简介

本书从实用的角度，全面、系统地讲解了 Illustrator CC 的各项功能和使用方法。书中内容基本涵盖了 Illustrator CC 的工具和重要的功能，并将多个精彩实例贯穿于全书讲解的过程中，操作一目了然，语言通俗易懂，使读者很容易达到自学的效果。

本书配套资源不仅提供了本书所有实例的源文件和素材，还提供了所有实例的多媒体教学视频、PPT 课件，方便读者学习和使用。

本书案例丰富、讲解细致，注重激发读者的兴趣，培养动手能力，可作为自学参考书，适合平面设计人员、动画制作人员、网页设计人员、大中专院校学生及图片处理爱好者等参考阅读。

图书在版编目（CIP）数据

微课学Illustrator CC 2023图形设计 / 卢斌编著. —北京：清华大学出版社，2024.3
（清华电脑学堂）

ISBN 978-7-302-65526-8

Ⅰ.①微… Ⅱ.①卢… Ⅲ.①图形软件 Ⅳ.①TP391.412

中国国家版本馆CIP数据核字（2024）第046446号

责任编辑：张　敏
封面设计：郭二鹏
责任校对：胡伟民
责任印制：沈　露

出版发行：清华大学出版社
　　　　　网　　　　　址：https://www.tup.com.cn，https://www.wqxuetang.com
　　　　　地　　　　　址：北京清华大学学研大厦A座　　　邮　　编：100084
　　　　　社　总　机：010-83470000　　　　　　　　　　邮　　购：010-62786544
　　　　　投稿与读者服务：010-62776969，c-service@tup.tsinghua.edu.cn
　　　　　质　量　反　馈：010-62772015，zhiliang@tup.tsinghua.edu.cn
　　　　　课　件　下　载：https://www.tup.com.cn，010-83470236
印　装　者：小森印刷（北京）有限公司
经　　销：全国新华书店
开　　本：170mm×240mm　　　印　张：15　　　字　数：390千字
版　　次：2024年5月第1版　　　印　次：2024年5月第1次印刷
定　　价：99.00元

产品编号：090105-01

前言

Illustrator 是 Adobe 公司推出的一款优秀的矢量绘图软件，可以为用户迅速生成用于印刷、多媒体、Web 页面和移动 UI 的超凡图形。Illustrator 一直深受世界各地设计人员的青睐，它现在几乎可以与所有的平面、网页、动画等设计软件进行结合，包括 InDesign、Photoshop、Dreamweaver、After Effects 等，这使得 Illustrator 能够横跨平面、网页与多媒体的设计环境，因此，Illustrator 是各个领域设计人员的好帮手。

为了帮助用户快速、系统地掌握 Illustrator 软件，特此策划并编写了本书。本书按照循序渐进、由浅入深的讲解方式，全面、细致地介绍了 Illustrator CC 的各项功能及应用技巧。

本书章节及内容安排

本书是初学者快速入门并精通 Illustrator CC 的经典教程和指南。全书从实用的角度，全面、细致地讲解了 Illustrator CC 的各项功能和使用方法，书中内容基本涵盖了 Illustrator CC 的使用工具和重要的功能。在介绍技术知识的同时，本书还精心安排了大量具有针对性的实例，以帮助用户轻松、快速掌握软件的使用方法和使用技巧。

本书共分为 10 章，第 1 章为熟悉 Illustrator CC；第 2 章为 Illustrator CC 基本操作；第 3 章为绘图的基本操作；第 4 章为对象的变换操作；第 5 章为色彩的选择与使用；第 6 章为绘画的基本操作；第 7 章为绘画的高级操作；第 8 章为文字的创建与编辑；第 9 章为创建与编辑图表；第 10 章为效果的使用。

本书特点

全书内容丰富、条理清晰，通过 10 章的内容，为读者全面介绍了 Illustrator CC 的功能和知识点，采用理论知识与操作案例相结合的方法，使知识融会贯通。

本书实用性很强，采用理论知识与操作案例相结合的方式，使读者更好地理解并掌握在 Illustrator 中绘图和绘画的方法与技巧。另外，本书还赠送所有实例的源文件和素材、多媒体教学视频和 PPT 课件，读者可扫描右方二维码下载学习和使用。

由于时间仓促，书中难免有错误和疏漏之处，希望广大读者朋友批评、指正。

编者

目录

第 1 章
熟悉 Illustrator CC

Illustrator 是 Adobe 公司开发的一款矢量绘图软件，可完成 UI 设计、插画、印刷排版及多媒体制作等工作。本章将针对 Illustrator CC 的基础知识进行讲解，帮助读者快速了解并掌握 Illustrator CC 的基础内容。

本章知识点

（1）了解矢量图与位图。
（2）了解 Illustrator 的应用领域。
（3）掌握 Illustrator CC 的安装与启动。
（4）掌握 Illustrator CC 的操作界面。
（5）掌握查看图形的方法和技巧。
（6）掌握使用预设工作区。
（7）掌握使用标尺、网格和辅助线。

1.1 位图与矢量图

计算机中的图形和图像是以数字的方式记录、处理和存储的。按照用途可以将它们分为矢量图形和位图图像。生活中大部分可以看到的图像都是位图，如画报、照片和书籍等。矢量图一般被应用到专业领域，如 VI 设计、图标设计和二维动画制作等。

1.1.1 位图

位图又称点阵图，是由许许多多的点组成的，这些点被称为像素。位图可以表现丰富的色彩变化并产生逼真的效果，很容易在不同软件之间转换使用，但它在保存图像时需要记录每个像素的色彩信息，因此，占用的存储空间较大，在进行旋转或缩放时边缘会产生锯齿。图 1-1 所示为位图及其图像局部放大后的效果。可以观察到锯齿效果。

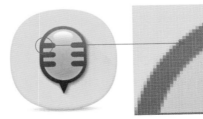

图 1-1　位图及其图像局部放大后的效果

> **提示**
>
> 位图只要有足够多的不同色彩的像素，就可以制作出色彩丰富的图像，逼真地表现自然界的景象。位图缩放和旋转时容易失真，同时文档容量较大。

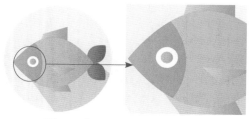

图 1-2 矢量图及其放大后的效果

1.1.2 矢量图

矢量图通过数学的向量方式来进行计算，使用这种方式记录的文档所占有的存储空间很小。由于矢量图与分辨率无关，所以，在进行旋转和缩放等操作时，可以保持对象光滑无锯齿。图 1-2 所示为矢量图及其放大后的效果。

> **提示**
>
> 矢量图的缺点是图像色彩变化较少，颜色过渡不自然，并且绘制出来的图像也不是很逼真。但其体积小、任意缩放的特点也使其广泛地应用在动画制作和广告设计中。

1.1.3 分辨率

位图的清晰度和其本身的分辨率有直接关系。分辨率是指每单位长度内所包含的像素数量，一般以"像素 / 英寸"为单位。单位长度内像素数量越大，分辨率就越高，图像的输出品质也就越好。常用分辨率有 3 种，分别为图像分辨率、显示器分辨率和打印机分辨率。

1. 图像分辨率

图像分辨率是指位图中每英寸内像素的数量，常用 ppi 表示。高分辨率的图像比同等打印尺寸的低分辨率的图像包含的像素更多，因此像素点更小。

例如，分辨率为 72ppi 的 1 英寸 ×1 英寸的图像共包含 5184 个像素，即 72 像素 ×72 像素 =5184，而同样是 1 英寸 ×1 英寸，分辨率为 300ppi 的图像共包含 90000 个像素。图像采用何种分辨率，最终要以发布媒体来决定，如果图像仅用于在线显示，则图像分辨率只需匹配典型显示器分辨率（72ppi 或 96ppi）；如果要将图像用于印刷，图像分辨率需达到 300ppi，太低的分辨率会导致图像像素化。

2. 显示器分辨率

显示器分辨率是指显示器每单位长度所能显示的像素或点的数目，以每英寸含有多少点来计算，常用 dpi 表示。显示器分辨率由显示器的大小、显示器像素的设定和显卡的性能决定。一般计算机显示器的分辨率为 72dpi。

3. 打印机分辨率

打印机分辨率是指打印机每英寸产生的墨点数量，常用 dpi 表示。多数桌面激光打印机的分辨率为 600dpi，而照相机的分辨率为 1200dpi 或更高。大多数喷墨打印机的分辨率为 300~720dpi。打印机分辨率越高，打印输出的效果越好，耗墨也会越多。

1.2 Illustrator 的应用领域

Illustrator 是一种应用于出版、多媒体和在线图像的工业标准矢量插画软件。作为一款非常实用的矢量图绘制工具，Illustrator 广泛应用于印刷出版、海报书籍排版、专业插画、多媒体图像处理和互联网页面的制作中。

1.2.1 平面广告设计

平面广告设计是 Illustrator 应用最广泛的领域。无论是印刷媒体上的精美广告还是街上看到的招贴或海报，这些印刷品都可以使用 Illustrator 软件制作完成。图 1-3 所示为使用 Illustrator 制作出的平面广告作品。

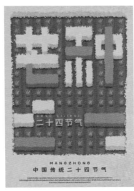

图 1-3　使用 Illustrator 制作出的平面广告作品

1.2.2 排版设计

利用 Illustrator 中的"画板"功能，可以完成具有多页版式的设计工作。通过将图形与文字完美结合，制作出具有创意的版面效果。在编辑过程中，软件具有的图片链接功能，使设计师可以轻松地在 Illustrator 和 Photoshop 软件中相互切换。图 1-4 所示为使用 Illustrator 制作的六折页排版作品。

图 1-4　使用 Illustrator 制作的六折页排版作品

1.2.3 插画设计

使用 Illustrator 可以轻松绘制各种风格的插画，包括绘制元素复杂冗余的写实风格插画、精致美观的抽象风格插画、传统的油画和水彩风格插画及现代潮流风格的插画。图 1-5 所示为使用 Illustrator 制作的插画作品。

图 1-5　使用 Illustrator 制作的插画作品

1.2.4　UI 设计

随着互联网技术的日益成熟，设计师除了可以使用 Illustrator 完成网页设计，还可以完成移动端 App UI 的设计与制作。使用符号及编辑功能，为 App UI 设计提供了强大的技术支持。图 1-6 所示为使用 Illustrator 绘制的 UI 图标效果。

图 1-6　使用 Illustrator 绘制的 UI 图标效果

图 1-7　使用 Illustrator 绘制的企业 Logo

1.2.5　标志设计

Illustrator 为矢量绘图软件，使用其绘制的图形可以被随意放大和缩小，而不会影响图形的显示质量。通过 Illustrator 提供的众多功能，设计师可以发挥想象，跟随灵感轻松地完成 Logo 设计。图 1-7 所示为使用 Illustrator 绘制的企业 Logo。

1.2.6　包装设计

包装设计中包含平面构成、色彩构成、立体构成和字体设计等诸多内容，是一门综合性较强的设计领域。使用 Illustrator 中的曲线编辑功能和填充图案功能，可以轻松完成各种产品包装的设计与制作。图 1-8 所示为使用 Illustrator 制作完成的包装设计效果图。

图 1-8　使用 Illustrator 制作完成的包装设计效果图

1.3　Illustrator CC 的安装与启动

在使用 Illustrator CC 之前先要安装该软件。安装（或卸载）前应关闭系统中当前运行的 Adobe 相关程序。Illustrator 的安装过程并不复杂，用户只需根据提示信息即可完成操作。

1.3.1　安装 Illustrator CC

打开浏览器，在地址栏中输入 www.adobe.com/cn，进入 Adobe 官网。单击官网页面顶部"支持与下载"菜单，单击"下载并安装"按钮，如图 1-9 所示。在打开的页面中选择 Creative Cloud 选项，如图 1-10 所示。

图 1-9　"下载并安装"选项

图 1-10　选择 Creative Cloud

下载 Creative_Cloud.exe 文档并安装，完成安装后，在桌面上或"开始"菜单中选择"Adobe Creative Cloud"图标，弹出"Creative Cloud Desktop"对话框，如图 1-11 所示。

单击 Illustrator 选项下面的"试用"按钮，稍等片刻即可完成 Illustrator CC 的安装，如图 1-12 所示。单击"开始"菜单中的"Adobe Illustrator CC"，启动软件。

图 1-11　"Creative Cloud Desktop"对话框

图 1-12　安装完成

提示

第一次启动 Adobe Creative Cloud 时，系统会要求用户输入 Adobe ID 和密码。Adobe ID 是 Adobe 公司提供给用户的 Adobe 账号，使用 Adobe ID 可以登录 Adobe 网站论坛、Adobe 资源中心，以及对软件进行更新等。在安装界面和软件的欢迎界面，用户可以通过 Adobe ID 购买软件的正式版本。

1.3.2　使用 Adobe Creative Cloud Cleaner

如果用户没有采用正确的方式卸载软件，那么，再次安装软件时会提示无法安装软件。用户可以登录 Adobe 官网下载 Adobe Creative Cloud Cleaner 工具，清除错误后再次安装。此工具可以删除产品预发布安装的安装记录，并且不影响产品早期版本的安装。

下载 Adobe Creative Cloud Cleaner Tool 后双击启动工具，按【E】键，再按【Enter】键，如图 1-13 所示。然后按【Y】键，再按【Enter】键，如图 1-14 所示。

图 1-13　确定语言　　　　　　　　图 1-14　选择清除版本

按【1】键，再按【Enter】键，进入如图 1-15 所示的界面。按【3】键，再按【Enter】键。按【Y】键，再按【Enter】键。稍等片刻即可完成清理操作，如图 1-16 所示。完成清理操作后重新安装软件即可。

图 1-15　选择清除内容　　　　　　　　图 1-16　完成清理操作

1.4　Illustrator CC 的操作界面

Illustrator CC 的操作界面与以前的版本相比有许多改进之处，图像处理区域更加开阔，文档的切换也变得更加快捷。

Illustrator CC 的工作界面中包含菜单栏、"控制"面板、标题栏、工具箱、文档窗口、状态栏和面板 7 部分，如图 1-17 所示。

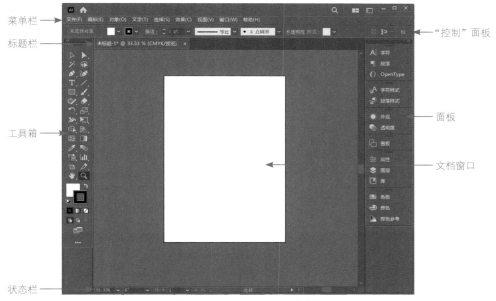

图 1-17　Illustrator CC 工作界面

1.4.1　菜单栏

Illustrator CC 中包含 9 个主菜单，如图 1-18 所示。Illustrator 中几乎所有的命令都按照类别排列在这些菜单中，每个菜单都包含不同的功能和命令，它们是 Illustrator 中重要的组成部分。

图 1-18　菜单栏

单击一个菜单名称即可打开该菜单，在菜单中使用分割线区分不同功能的命令，带有黑色三角标记的命令表示其包含扩展菜单，如图 1-19 所示。

选择菜单中的一个命令即可选择该命令。如果命令后面带有快捷键，如图 1-20 所示，则按下对应的快捷键也可快速选择该命令。在文档窗口的空白处或任意一个对象上右击，将弹出快捷菜单，如图 1-21 所示。

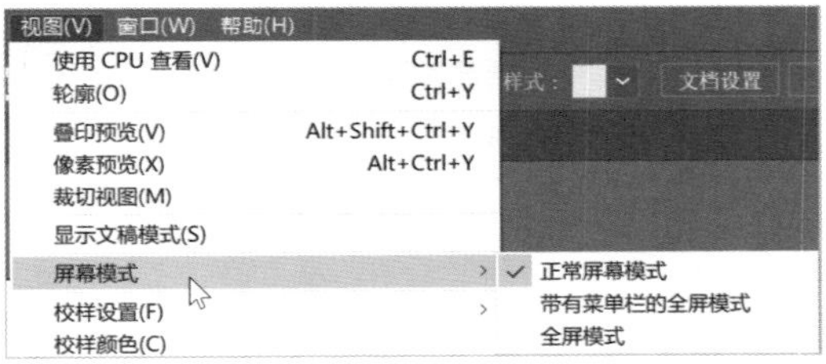

图 1-19　打开菜单命令

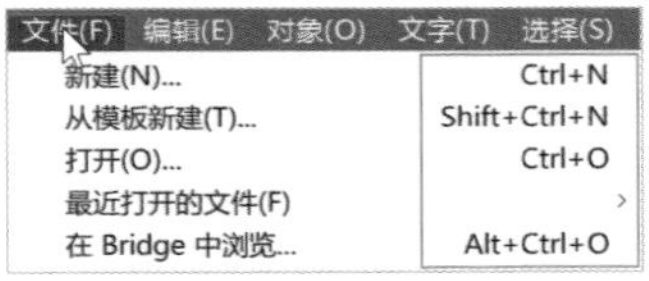

图 1-20　命令后面带有快捷键

图 1-21　快捷菜单

有些命令其名称后面会包含一个显示字母的括号，提供另一种使用方式。首先按住【Alt】键，再按主菜单括号中的字母键，即可打开该菜单，再按命令括号中的字母键，即可选择该命令。

菜单中的很多命令只针对特殊对象。如果某个菜单命令显示为灰色，则代表当前选中对象不能选择该命令。如选中一个图形对象，则"文字"菜单中的"路径文字"菜单为灰色不可用状态。

1.4.2　"控制"面板

"控制"面板是用来设置工具选项的，根据所选工具的不同，"控制"面板中的内容也不同。如使用"矩形工具"绘制图形时，其"控制"面板如图 1-22 所示；使用"钢笔工具"绘制图形时，其"控制"面板如图 1-23 所示。

图 1-22　"矩形工具"的"控制"面板

图 1-23　"钢笔工具"的"控制"面板

选择"窗口→控制"命令，可以显示或隐藏"控制"面板。单击"控制"面板最右侧的 图标，用户可以在弹出的面板中选择将"控制"面板显示在窗口顶部还是窗口底部，如图 1-24 所示。选择"停放到底部"选项，"控制"面板显示在软件底部，如图 1-25 所示。

停放到顶部
停放到底部

图 1-24　选择停放选项

图 1-25　"控制"面板显示在软件底部

1.4.3　工具箱

Illustrator CC 中的工具箱包含所有用于创建和编辑图形的工具。单击工具箱左上角的双箭头按钮 ，可以使工具箱的显示方式在"单排"和"双排"显示之间切换。

Illustrator CC 的工具箱中包含选择工具、改变形状工具、绘制工具、符号工具、图表工具、文字工具、上色工具、切片和剪切工具、移动和缩放工具共 9 类，由于工具过多，一些工具被隐藏起来，工具箱中只显示部分工具，并且按类区分。图 1-26 所示为 Illustrator CC 工具箱中的所有工具。

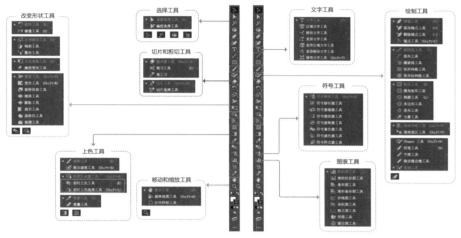

图 1-26　工具箱

启动 Illustrator CC 后，工具箱默认显示在工作界面左侧，将光标移动到工具箱顶部如图 1-27 所示的位置，按下鼠标左键拖曳，即可将工具箱移动到窗口的任意位置。

单击工具箱中的一个工具按钮，即可选择该工具。如果工具图标右下角有三角形图标，表示其是一个工具组。在该工具按钮上按住左键或者右击，即可显示工具组，如图 1-28 所示；在工具组中移动光标，单击想要使用的工具，即可选中该工具。单击工具组右侧如图 1-29 所示的位置，即可浮动显示该工具组。

图 1-27　移动工具箱图

图 1-28　使用工具箱

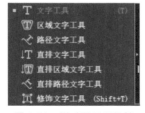

图 1-29　浮动显示工具箱

提示

将光标停留在工具图标上稍等片刻，即可显示关于该工具的名称及快捷键的提示。通过按下快捷键可以快速选择工具。按【Shift+ 工具快捷键】组合键，可以依次选择隐藏的工具。按住【Alt】键的同时，在包含隐藏工具的按钮上单击，也可以依次选择隐藏工具。

单击工具箱底部的"编辑工具栏"按钮，用户可以在弹出的面板中选择显示或隐藏"填充描边控件""着色控件""绘图模式控件"和"屏幕模式控件"选项，如图 1-30 所示。

在弹出的面板右上角单击 图标，用户可以根据工作的难度，在弹出的面板中选择使用基本工具箱或高级工具箱，如图 1-31 所示。基本工具箱中只包含常用的工具，能够帮助用户完成一些最基础的操作。高级工具箱中包含更多的工具，能满足更复杂的操作。用户也可以根据个人的习惯选择新建工具栏或管理工具栏。

图 1-30　编辑工具箱　　　　　　　　　图 1-31　选择使用不同的工具箱

1.4.4　面板

Illustrator CC 中的面板，可以在"窗口"菜单中选择需要的面板将其打开，如图 1-32 所示。默认情况下，面板以选项卡的形式成组出现，显示在窗口的右侧，如图 1-33 所示。单击"控制"面板最右侧的 图标，可以在弹出的面板中选择快速打开或关闭面板，如图 1-34 所示。

图 1-32　面板菜单　　　　　图 1-33　排列面板　　　　　图 1-34　快速打开或关闭面板

　　一般情况下，为了节省操作空间，常常会将多个面板组合在一起，称为面板组。在面板组中单击任意一个面板的名称即可将该面板设置为当前面板。

　　单击面板组右上角的双三角按钮，可将面板折叠为文字，如图 1-35 所示。单击对应的文字即可显示相应的面板，如图 1-36 所示。拖动面板边界可调整面板组的宽度。用户也可以将光标置于面板右下角，当光标变为 ↘ 状态时，拖动鼠标可调整面板组大小，如图 1-37 所示。

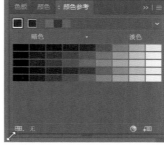

图 1-35　折叠面板组　　　　　图 1-36　选择面板　　　　　　图 1-37　调整面板组大小

　　将光标放置在面板名称上，按下鼠标左键并拖曳，将其置于空白处，即可将该面板从面板组中分离出来，成为浮动面板。

　　将光标放置在任意一个面板名称上，按下鼠标左键将面板拖曳到另一个面板名称位置，当出现蓝色横条时释放光标，可将其与目标面板组合，如图 1-38 所示。将光标放置在任意面板名称上，按住鼠标左键，将其拖曳至另一个面板下方，当两个面板的连接处显示为蓝色时释放光标，可以将两个面板链接起来，如图 1-39 所示。

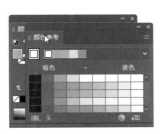
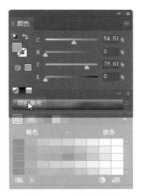

图 1-38　组合面板　　　　　　　　　图 1-39　链接面板

单击任意面板右上角的按钮，都可以打开该面板的面板菜单，如图 1-40 所示，面板菜单中包含了当前面板的各种命令。

在某个面板的名称上右击，将显示面板的快捷菜单，选择"关闭"命令，即可关闭该面板，如图 1-41 所示。选择"关闭选项卡组"命令，即可关闭面板组。对于浮动面板，单击右上角的"关闭"按钮 ✕，即可将其关闭。

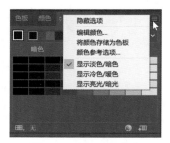

图 1-40　打开面板菜单

图 1-41　关闭面板

提示

选择"编辑→首选项→用户界面"命令，在弹出的对话框中选中或取消选中"自动折叠图标面板"选项，则 Illustrator CC 下次启动时就会自动折叠或取消折叠。面板自动折叠对一些能够熟练操作 Illustrator 的用户来说，是一种很方便的设置。

1.4.5　文档窗口

在 Illustrator 中新建或打开一个图形文档，便会创建一个文档窗口，当同时打开多个文档时，文档窗口就会以选项卡的形式显示，如图 1-42 所示。

图 1-42　以选项卡形式显示图像

提示

除了单击选择文档，还可以使用快捷键来选择文档，按【Ctrl+Tab】组合键可以按顺序切换窗口；按【Ctrl+Shift+Tab】组合键将按相反的顺序切换窗口。

单击选项卡上任一个文档的名称，即可将该文档设置为当前操作窗口。按住鼠标左键，向左或右拖动文档的标题栏，可以调整它在选项卡中的顺序。选择一个文档的标题栏，按住鼠标左键从选项卡中拖出，该文档便成为可任意移动位置的浮动窗口，如图 1-43 所示。

将光标放置在浮动窗口的标题栏上，按住鼠标左键，拖动至工具"控制"面板下，当出现蓝框时释放光标，该浮动窗口就会出现在选项卡中，如图 1-44 所示。

拖动文档窗口的一角，可以调整该窗口的大小。如果想要将多个浮动窗口还原到原始位置时，用户可以在标题栏处右击，在弹出的快捷菜单中选择"全部合并到此处"命令即可，如图 1-45 所示。

图 1-43 浮动文档窗口

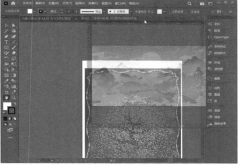

图 1-44 拖动文档的标题栏

单击标题栏右侧的"关闭"按钮，即可关闭该文档。如果想要关闭所有文档，在标题栏任意位置右击，并在弹出的快捷菜单中选择"关闭全部"命令即可，如图 1-46 所示。按住【Shift】键的同时单击文档右上角的"关闭"按钮，也可一次性关闭所有 Illustrator 文档。

图 1-45 合并窗口

图 1-46 关闭全部文档

提示

当打开的文档数量较多时，标题栏可能无法显示所有文档，此时用户可以单击标题栏右侧的"双箭头"按钮▶▶，在弹出的菜单列表中选择需要的文档。

1.4.6 状态栏

默认情况下，Illustrator 中的"状态栏"位于软件界面底部，它可以用来显示缩放比例、画板导航和当前使用工具等信息。单击缩放比例区域，用户可以在弹出的列表中选择 3.13%~64000% 的缩放显示比例或者满画布显示，如图 1-47 所示。

Illustrator 支持在一个文档中同时包含多个画板，用来制作多页文档。当文档中包含多个画板时，可以通过单击画板导航中的按钮，完成查看首项、末项、上一项和下一项的操作，以及快速查看指定画板等操作，如图 1-48 所示。单击右侧的三角形按钮，用户可以选择在状态栏中显示如图 1-49 所示的内容。

图 1-47 缩放比例

图 1-48　画板导航

图 1-49　显示选项

1.5　查看图形

使用 Illustrator 编辑图形时，经常需要选择放大、缩小及移动对象等操作，以便更好地观察处理效果。Illustrator 提供了缩放工具、抓手工具、导航器面板和多种操作命令方便用户完成各种查看操作。

1.5.1　使用专家模式

图 1-50　屏幕模式菜单

Illustrator 根据不同用户的不同制作需求提供了不同的屏幕显示模式。单击工具箱底部的"更改屏幕模式"按钮 📑，弹出如图 1-50 所示的屏幕模式菜单，用户可以需要选择任意一种显示模式。

提示

按【F】键可以在"正常屏幕模式""带有菜单栏的全屏模式"和"全屏模式"之间快速切换。在全屏模式下，按【F】键或【Esc】键即可退出全屏模式；按【Tab】键可以隐藏 / 显示工具箱、面板和"控制"面板。除"演示文稿模式"外，按【Shift+Tab】组合键都可隐藏 / 显示面板。

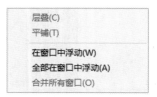

图 1-51　排列子菜单

1.5.2　在多窗口中查看图像

如果在 Illustrator 中同时打开了多个文档，为了更好地观察比较，可以选择"窗口→排列"命令，弹出"排列"命令包含的子菜单，如图 1-51 所示。选择子菜单中的任意排列命令，可以控制各个文档在窗口中的排列方式。

1.5.3　使用"缩放工具"

Illustrator 提供了"缩放工具"帮助用户完成放大或缩小窗口的操作，以便用户可以更加准确地查看图形。

单击工具箱中的"缩放工具"按钮 🔍 或按【Z】键，将光标移动到文档窗口中的图形上并单击，即可放大图像；按下【Alt】键的同时在文档窗口中单击，即可缩小图像。

使用"缩放工具"或相应快捷键进行放大或缩小操作时，Illustrator 会将选定文档置于视图的中心。如果选定图稿具有锚点或路径，Illustrator 还会在放大或缩小时将这些锚点或路径置于视图的中心。

1.5.4　使用"抓手工具"

在绘制或编辑图形的过程中，当图形较大或放大显示图形，窗口无法完全显示时，可以使用"抓手工具"移动画布，以查看图形的不同区域。单击工具箱中的"抓手工具"按钮 ✋，在画布中按下鼠标左键并拖曳即可移动画布。

使用"抓手工具"时，按住【Ctrl】键，可快速启用"选择工具"。松开【Ctrl】键，即可继续使用"抓手工具"。

使用 Illustrator 中的任何工具进行操作时，按住空格键不放，即可快速启用"抓手工具"进行移动操作；松开空格键，即可继续使用原来的工具进行操作。

> **提示**
>
> 双击工具箱中的"抓手工具"按钮，将在窗口中最大化显示图形。双击工具箱中的"缩放工具"按钮，将在窗口中 100% 显示图形。

1.5.5　使用"导航器"面板

选择"窗口→导航器"命令，打开"导航器"面板，如图 1-52 所示。用户可以使用"导航器"面板快速查看文档视图。"导航器"面板中的彩色框即代理查看区域，与文档窗口中当前可查看的区域相对应。

文档缩览图
面板菜单按钮
代理查看区域
缩放框
缩小按钮
放大按钮

图 1-52　"导航器"面板

用户可以使用"导航器"面板缩放文档，也可以移动查看画板。当用户需要按照一定的缩放比例工作，文档窗口却无法完整显示图像时，可通过该面板查看文档。

单击"导航器"面板右上角的面板菜单按钮，在弹出的菜单中选择"仅查看画板内容"选项，"导航器"面板中将只显示画板边界内的内容，如图 1-53 所示。取消选择"仅查看画板内容"选项，"导航器"面板中将显示画板边界以外的内容，如图 1-54 所示。

图 1-53　仅查看面板内容

图 1-54　取消仅查看面板内容

单击面板右上角的"面板菜单"按钮，在弹出的菜单列表中选择"面板选项"选项，如图 1-55 所示。弹出"面板选项"对话框，如图 1-56 所示。用户可以在该对话框中设置"视图框颜色""假字显示阈值"和"将虚线绘制为实线"等参数。

图 1-55　选择"面板选项"选项　　　　　　　图 1-56　"面板选项"对话框

1.5.6　按轮廓预览

默认情况下，Illustrator 以彩色模式预览文档，如图 1-57 所示。在处理较为复杂的文档时，用户可以选择只显示文档轮廓。

选择"视图→轮廓"命令或按【Ctrl+Y】组合键，即可使用"轮廓"模式预览文档，如图 1-58 所示。使用"轮廓"模式，可以有效减少重绘屏幕的时间，提高制作效率。

图 1-57　以彩色模式预览文档　　　　　　　图 1-58　轮廓模式预览文档

当文档以"轮廓"模式显示时，选择"视图→预览"命令或按【Ctrl+Y】组合键，能够将"轮廓"模式切换为"彩色"模式。

用户可以在分辨率大于 2000px 的屏幕上使用 GPU 预览模式预览文稿。选择"视图→使用 GPU 查看"命令或按【Ctrl+E】组合键，如图 1-59 所示，即可使用 GPU 预览

图 1-59　"使用 GPU 查看"命令

模式预览文稿。在 GPU 预览模式下的轮廓模式中，文档路径会显得更平滑，显示速度也相对较快。选择"视图→使用 CPU 查看"命令，即可退出 CPU 预览模式。

1.5.7　按视图预览

用户可以同时打开单个文档的多个窗口，使每个窗口具有不同的视图设置。例如，用户可以设置一个高度放大的窗口以对某些图稿中的对象进行特写，并创建另一个稍小的窗口以在页面上布置这些对象。

选择"窗口→新建窗口"命令，即可为当前窗口创建一个新窗口，更改排列方式并放大文档后，效果如图 1-60 所示。

图 1-60 新建一个窗口

创建多个窗口虽然方便浏览，但过多的窗口也会造成浏览混乱。基于此种情况，可以通过创建多个视图的方法替代创建多个窗口的操作。选择"视图"→"新建视图"命令，在弹出的"新建视图"对话框中输入视图的名称，如图 1-61 所示。单击"确定"按钮，即可完成新建视图的操作。

选择"视图→编辑视图"命令，弹出"编辑视图"对话框，如图 1-62 所示。选中一个或多个视图，单击"删除"按钮，即可删除视图。选中一个视图，修改"名称"文本框中的名称，单击"确定"按钮，即可完成为视图重命名的操作。

图 1-61 "新建视图"对话框

图 1-62 "编辑视图"对话框

1.5.8 操作案例——创建和使用多视图

源文件：无　　操作视频：视频 / 第 1 章 / 创建和使用多视图

Step01 打开一个图形文档，最大化显示文档，效果如图 1-63 所示。

Step02 选择"视图→新建视图"命令，在弹出的"新建视图"对话框中输入视图的名称，如图 1-64 所示。单击"确定"按钮，完成新视图的创建。

图 1-63　最大化显示文档　　　　　　　　图 1-64　"新建视图"对话框

Step 03 使用"缩放工具"放大文档，效果如图 1-65 所示。选择"视图→新建视图"命令，新建一个名称为"山峦"的新视图。

Step 04 使用相同的方法创建多个视图，在"视图"菜单底部可以看到所有的新建视图，如图 1-66 所示。选择"视图→建筑"命令，即可快速查看"建筑"视图。

图 1-65　放大文档效果　　　　　　　　图 1-66　查看多个视图

> **提示**
>
> 一个文档最多可以创建 25 个视图，用户可以在不同的窗口中使用不同的视图。可以将多个视图随文档一起保存，窗口却不可以。

1.6　使用预设工作区

Illustrator 的应用领域非常广泛，不同的行业对 Illustrator 中各项功能的使用频率也不同。针对这一点，Illustrator 提供了几种常用的预设工作区，以供用户选择。

1.6.1　选择预设工作区

选择"窗口→工作区"命令，用户可以根据工作的内容选择不同的工作区。默认情况下，Illustrator 为用户提供了 Web、上色、传统基本功能、基本功能、打印和校样、排版规则、描摹、版面和自动 9 种工作区，如图 1-67 所示。恰当的工作区能够使用户更方便地使用 Illustrator 的各种功能，有效提高工作效率。

　　用户也可以单击"菜单栏"右侧的选择工作区图标，在弹出的下拉菜单中快速选择所需的工作区，如图 1-68 所示。

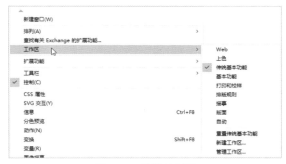

图 1-67　选择工作区

图 1-68　快速选择工作区

　　选择"窗口→工作区→重置传统基本功能"命令，将杂乱的工作区恢复为默认的基本功能工作区。选择"窗口→工作区→新建工作区"命令，将当前工作区保存为一个新的工作区。选择"窗口→工作区→管理工作区"命令，弹出"管理工作区"对话框，用户可以在该对话框中完成重命名、新建和删除工作区等操作。

1.6.2　自定义快捷键

　　选择"编辑→键盘快捷键"命令，弹出"键盘快捷键"对话框。单击"编组选择"选项，按下键盘上的任意键，当出现如图 1-69 所示的设置冲突时，表明指定快捷键已被使用。再次指定任意键，完成为工具指定快捷键的操作。

　　选择"菜单命令"选项，单击"文件"菜单下的"新建"选项，单击"清除"按钮，将原有的快捷键删除，再按下键盘上的任意组合键，如图 1-70 所示。

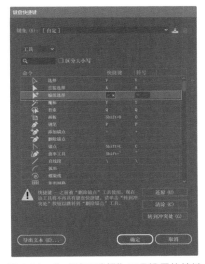

图 1-69　为"编组选择"工具设置快捷键

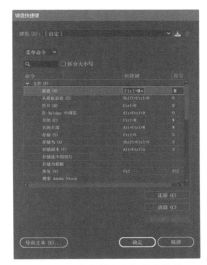

图 1-70　为菜单命令指定快捷键

　　单击"确定"按钮，弹出"存储键集文件"对话框，输入名称并单击"确定"按钮，如图 1-71 所示。即可完成为"新建"命令指定快捷键的操作。

　　打开"键盘快捷键"对话框，在"键集"选项右侧的下拉列表中选择"Illustrator 默认值"选项，单击"确定"按钮，可将键盘快捷键恢复到默认设置，如图 1-72 所示。

图 1-71　"存储键集文件"对话框

图 1-72　将键盘快捷键恢复到默认设置

1.7　使用标尺、网格和辅助线

　　标尺可帮助用户准确定位和度量文档窗口或者画板中的对象。Illustrator 为文档和画板区域提供了两种标尺类型，包括全局标尺和画板标尺，但是这两种标尺不能同时出现。

　　全局标尺显示在文档窗口的顶部和左侧，默认标尺原点位于文档窗口的左上角。画板标尺显示在现用画板的顶部和左侧，默认画板标尺原点位于画板的左上角。

　　画板标尺与全局标尺的区别在于，如果选择画板标尺，原点将根据活动的画板而变化。此外，不同的画板标尺可以有不同的原点。如果更改画板标尺的原点，则填充于画板对象上的图案不受影响。

　　全局标尺的默认原点位于第一个画板的左上角，画板标尺的默认原点位于各个画板的左上角。

1.7.1　显示 / 隐藏标尺

　　选择"视图→标尺→显示标尺"命令或者按【Ctrl+R】组合键，如图 1-73 所示，即可在文档窗口的顶部和左侧显示标尺，如图 1-74 所示。选择"视图→标尺→隐藏标尺"命令或者按【Ctrl+R】组合键，即可隐藏标尺。

图 1-73　"显示标尺"命令　　　　　　　　　　图 1-74　显示标尺效果

默认情况下，使用"显示标尺"命令创建的标尺为画板标尺。选择"视图→标尺→更改为全局标尺"命令或者按【Alt+Ctrl+R】组合键，即可将画板标尺转换为全局标尺。

1.7.2　视频标尺

Illustrator 经常辅助完成一些视频包装的工作。使用"视频标尺"可以更好地帮助用户定位对象及优化画面结构。

选择"视图→标尺→显示视频标尺"命令或者按【Alt+Ctrl+R】组合键，如图 1-75 所示，即可在画板的顶部和左侧显示视频标尺，如图 1-76 所示。选择"视图→标尺→隐藏视频标尺"命令或者按【Alt+Ctrl+R】组合键，即可隐藏视频标尺。

图 1-75　"显示视频标尺"命令　　　　　　　　图 1-76　视频标尺效果

1.7.3　案例实操——使用标尺辅助定位

源文件：无　　　操作视频：视频 / 第 1 章 / 使用标尺辅助定位

Step01 选择"文件→打开"命令，将"素材 \ 第 1 章 \101.ai"文件打开。选择"视图→标尺→显示标尺"命令，标尺效果如图 1-77 所示。

Step02 光标移动到窗口左上角位置，按下鼠标左键并向下拖曳。调整标尺的原点位置，也就是 (0, 0) 位置。如图 1-78 所示，通过标尺可以清楚地看到图形的高度和宽度。

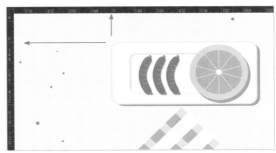

图 1-77　标尺效果　　　　　　　　　　图 1-78　调整后的原点位置

Step03 双击窗口左上角标尺位置，即可将原点位置恢复到原始位置，也就是画板的左上角位置，如图 1-79 所示。

Step04 单击工具箱中的"选择工具"按钮，移动图形的位置和左上角对齐，能够通过标尺确定图形的尺寸，如图 1-80 所示。

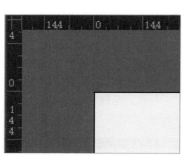

图 1-79 恢复原点位置

图 1-80 移动图形对齐原点

提示

根据不同的需求，常常需要选择不同的测量单位。在标尺上右击，弹出测量单位选择菜单，选择任意单位后，即可完成标尺单位的转换。

1.7.4 使用参考线

使用参考线可以帮助用户对齐文档中的文本和图形对象。显示标尺后，将光标移动到标尺上，向下或向右拖曳光标即可创建参考线，如图 1-81 所示。

图 1-81 拖曳创建参考线

提示

用户可以创建点和线两种参考线，并且可以自定义参考线的颜色。默认情况下，Illustrator 中不会锁定参考线，用户可以移动、修改、删除或恢复参考线。

创建参考线后，选择"视图→参考线→隐藏参考线"命令或者按【Ctrl+;】组合键，如图 1-82 所示，即可隐藏文档中的参考线。选择"视图→参考线→显示参考线"命令或者再次按【Ctrl+;】组合键，即可将隐藏的参考线显示出来。

参考线(U)	▶	隐藏参考线(U)	Ctrl+;
显示网格(G)	Ctrl+"	解锁参考线(K)	Alt+Ctrl+;
对齐网格	Shift+Ctrl+"	建立参考线(M)	Ctrl+5
对齐像素(S)		释放参考线(L)	Alt+Ctrl+5
✓ 对齐点(N)	Alt+Ctrl+"	清除参考线(C)	

图 1-82　"隐藏参考线"命令

　　将光标移动到参考线上，按下鼠标左键并拖曳，可以移动参考线的位置。在实际操作中，为了避免误操作移动参考线，可以将参考线锁定。

　　选择"视图→参考线→锁定参考线"命令或者按【Alt+Ctrl+;】组合键，即可锁定文档中所有的参考线。选择"视图→参考线→解锁参考线"命令或者再次按【Alt+Ctrl+;】组合键，即可解锁参考线。

　　选中文档中的一条路径，选择"视图→参考线→建立参考线"命令或者按【Ctrl+5】组合键，默认情况下，路径将被转换为蓝色的参考线。选择"视图→参考线→建立参考线"命令或者按【Alt+Ctrl+5】组合键，可以将建立的参考线转换为普通路径。

　　建立参考线后，选择"视图→参考线→清除参考线"命令，即可删除当前文档中的所有参考线。

1.7.5　案例实操——使用参考线定义边距

源文件：源文件 / 第 1 章 / 使用参考线定义边距
操作视频：视频 / 第 1 章 / 使用参考线定义边距

Step01 选择"文件→新建"命令，选择"新建文档"对话框顶部的"图稿和插图"选项，继续选择下方的"明信片"选项，单击"创建"按钮，如图 1-83 所示。

Step02 选择"视图→标尺→显示标尺"命令，将标尺显示出来。将光标移动到顶部标尺上，按下鼠标左键并向下拖曳，创建距离画板顶部边距为 10mm 的参考线，如图 1-84 所示。

图 1-83　新建文档　　　　　　　　　　　图 1-84　创建横向参考线

Step03 使用相同方法距离画板底部 10mm 处创建参考线，如图 1-85 所示。将光标移动到左侧标尺上，按下鼠标左键并向右拖曳，创建距离画板左侧边距为 10mm 的参考线，如图 1-86 所示。

Step 04 使用相同的方法，创建距离画板右侧边距为 10mm 的参考线，效果如图 1-87 所示。

图 1-85　创建底部参考线　　　　图 1-86　创建左侧参考线　　　　图 1-87　创建右侧参考线

1.7.6　使用智能参考线

智能参考线是创建或操作对象或画板时显示的临时对齐参考线。通过对齐坐标位置和显示偏移值，智能参考线可以帮助用户参照其他对象或画板来对齐、编辑和变换对象或画板。

选择"视图→智能参考线"命令或者按【Ctrl+U】组合键，可以打开或者关闭智能参考线。

1.8 网格与对齐

默认情况下，网格显示在文档窗口所有对象的底层，而且不能被打印。使用网格可以帮助用户完成定位和对齐元素的操作。

选择"视图→显示网格"命令或者按【Ctrl+"】组合键，如图 1-88 所示，即可显示网格，如图 1-89 所示。选择"视图→隐藏网格"命令或者再次按【Ctrl+"】组合键，即可将网格隐藏。

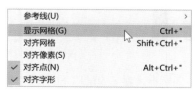

图 1-88　"显示网格"命令

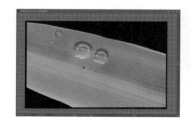

图 1-89　显示网格

Illustrator 中提供了很多辅助功能帮助用户工作。用户在操作过程中，可以使用"对齐网格""对齐像素""对齐点"等命令，获得更为精确的操作。

选择"视图→对齐→对齐网格"命令或者按【Shift+Ctrl+"】组合键，如图 1-90 所示。当该命令处于选中状态后，移动对象时，对象将自动对齐网格线，如图 1-91 所示。对齐网格只能吸附在网格的边或点上；当对象的边界在网格线的 2 个像素之内，将对齐到点。

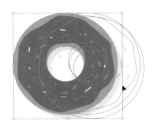

图 1-90 "对齐网格"命令   图 1-91 对齐网格线

提示

对齐像素是针对像素预览使用的，用户可以在印刷前通过像素预览快速查看构图效果。如果作品不用于印刷，则可以忽略该功能。

选择"视图→像素预览"命令或者按【Alt+Ctrl+Y】组合键，进入像素预览模式，如图 1-92 所示。选择"视图→对齐→对齐像素"命令，即可启用对齐像素功能，如图 1-93 所示。

图 1-92 "像素预览"命令   图 1-93 "对齐像素"命令

在"像素预览"模式下，开启"对齐像素"的图形比没有开启"对齐像素"的图形的边缘更加平直和清晰。

选择"视图→对齐点"命令或者按【Alt+Ctrl+"】组合键，即可启用对齐点功能。"对齐点"功能包含在"智能参考线"功能中，开启该功能，操作时将自动吸附到某个点上。

1.9 本章小结

本章主要讲解了 Illustrator CC 的应用领域、软件的安装与启动、操作界面的组成、查看图形的方法和技巧、使用预设工作区、使用标尺、网格和辅助线，以及使用网格与对齐等内容。通过本章的学习，读者应初步了解 Illustrator 软件的基础知识，为后面章节的学习打下扎实的基础。

第 2 章
Illustrator CC 基本操作

要真正掌握和使用 Illustrator CC 图像处理软件，首先要从软件的基本操作开始学习，再逐步深入地掌握该软件的各项功能。本章将从软件的基本操作入手，介绍 Illustrator CC 的一些基本操作，如新建、打开、存储文件、置入文件、使用画板和裁剪图像等操作，帮助用户更好地掌握和使用该软件。

本章知识点

（1）了解使用主页。
（2）掌握新建和设置文档。
（3）掌握使用画板。
（4）掌握打开和关闭文件的方法。
（5）掌握置入文件的方法。
（6）掌握还原与恢复文件的方法。
（7）掌握添加版权信息。
（8）掌握存储文件的方法。
（9）掌握导出文件的方法。

2.1 使用主页

图 2-1　主页界面

主页是 Illustrator CC 启动后首先展示给用户的界面，如图 2-1 所示。用户可以在主页中完成新建文件、打开文件、查看新增功能和最近使用项等操作。单击左侧的"学习"按钮，将进入官方指定的教程界面，如图 2-2 所示。

用户在使用 Illustrator 操作时，可以随时通过单击"控制"面板最左侧的主页图标，返回主页界面，如图 2-3 所示。此时主页界面左上角显示一个 Ai 图标，单击该图标，可以立即返回文档的操作界面，如图 2-4 所示。

图 2-2　"学习"界面　　　　图 2-3　返回主页　图 2-4　返回文档操作界面

2.2　新建和设置文档

在开始绘画之前，首先要准备好画纸。同样的道理，在使用 Illustrator 绘制图形之前，也应该先创建画板。

2.2.1　新建文档

启动 Illustrator CC 软件以后，选择"文件→新建"命令或按【Ctrl+N】组合键，将弹出"新建文档"对话框，如图 2-5 所示。

图 2-5　"新建文档"对话框

"新建文档"对话框中分为左右两部分，左侧为方便用户操作提供的最近使用项和不同行业的模板文件尺寸，右侧为预设详细信息。使用 Illustrator CC 提供的预设功能，很容易创建常用尺寸的文件，减少麻烦，提高工作效率。

> **提示**
>
> 完成文档的创建后，用户可以选择"视图"菜单下的命令随时更改预览模式。

在"新建文档"对话框中设置参数后，单击"创建"按钮，完成新建文档的操作，如图 2-6 所示。单击"新建文档"对话框中的"更多设置"按钮，将弹出"更多设置"对话框，如图 2-7 所示。

图 2-6　新建的文档 　　　　　　　　图 2-7　"更多设置"对话框

用户可以在"更多设置"面板中设置多个画板的排列方式、间距和列数，如图 2-8 所示。单击"更多设置"对话框左下角的"模板"按钮或者选择"文件→从模板新建"命令，弹出"从模板新建"对话框，如图 2-9 所示。选择想要使用的外部模板文件，单击"创建"按钮，即可通过模板新建文件。

图 2-8　设置画板的各项参数

图 2-9　"从模板新建"对话框

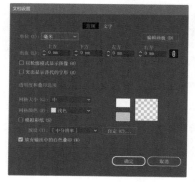

图 2-10　"文档设置"对话框

2.2.2　设置文档

新建文档后，用户可以通过选择"文件→文档设置"命令，在弹出的"文档设置"对话框中修改文档的各项参数，如图 2-10 所示。

用户可以在"文档设置"对话框中设置当前文档的单位、出血、网格的大小和颜色等参数；用户也可以选中"以轮廓模式显示图像"和"突出显示替代的字形"复选框，让文档内容换一种显示方式；单击右上角的"编辑画板"按钮，可以通过拖曳的方式调整画板的大小。

> **提示**
>
> "模拟彩纸"设置的画板底色,只在屏幕上显示,其作用是方便用户观察绘图效果,实际画板上不存在这个颜色。导出图片时,"模拟彩纸"显示的颜色将不会被导出。如果导出图片时需要底色,可以通过绘制矩形色块的方式为图稿设置底色。

2.3　使用画板

画板是一个区域,包含图稿的可打印或可导出区域,可以帮助用户简化其设计过程。对于不同尺寸的画板来说,用户可以在该区域内摆放适合的设计。用户在创建画板时,可在各种预设尺寸中选取自己想要的尺寸,将其创建为画板,也可以通过输入宽高值来创建自定画板。

> **提示**
>
> 用户可以在创建文档时指定文档的画板数,并且在处理文档的过程中可以随时添加和删除画板。Illustrator 在一个文档中最多允许创建 1000 个画板,具体数量取决于画板的大小。

2.3.1　创建和选择面板

选择"文件→新建"命令,弹出"新建文档"对话框,可以在该对话框的"画板"文本框中输入具体数值,如图 2-11 所示,为新建文档设置画板数量。

如果想在一个已经包含画板的文档中新建画板,可以单击工具箱中的"画板工具"按钮![icon],再将光标移动到工作区域内,按下鼠标左键并拖曳,释放光标后即可创建一个画板,如图 2-12 所示。按住【Alt】键的同时使用"画板工具"向任意方向拖曳画板,可以完成复制画板的操作。

图 2-11　设置画板数量

图 2-12　创建画板

当工具箱中的"画板工具"为选中状态时,"控制"面板中将显示与"画板"有关的参数,如图 2-13 所示。

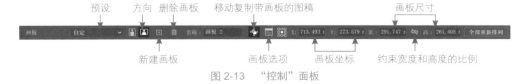

图 2-13　"控制"面板

Illustrator CC 将常用的画板尺寸存储为预设，供用户快速选择使用。创建画板后，单击"控制"面板左侧的"预设"按钮，在弹出的预设下拉列表中选择任意画板预设，可将当前画板尺寸转换为选中的预设画板尺寸，如图 2-14 所示。

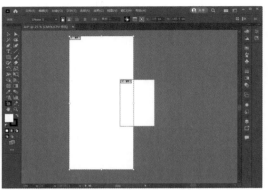

图 2-14   使用画板预设

> **提示**
>
> 按【Ctrl+A】组合键或者按住【Shift】键的同时依次单击工作区域中的画板，可选择多个画板。按住【Shift】键的同时使用鼠标左键创建选框，也可同时选中被框选的多个画板。

2.3.2   查看画板

每个画板都由实线定界，表示最大可打印区域。选择"视图→隐藏画板"命令，即可将画板边界隐藏。使用"画板工具"单击画板、使用其他工具单击画板或者在画板上

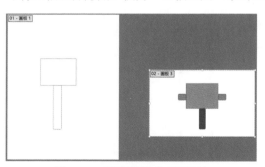

绘画，可将画板变为活动状态。图 2-15 中右侧画板为现用画板，左侧画板为非现用画板。

画布是指在将图稿的元素移动到画板上之前，可以在其中创建、编辑和存储这些元素的空间。放置在画布上的对象在屏幕上是可见的，但不能将它们打印出来。简单来说，画布是画板外部的区域，它扩展到 220 英寸正方形窗口的边缘，如图 2-16 所示。

图 2-15   现用画板和非现用画板

> **提示**
>
> 画布与画板除了在操作方法略有不同以外，一个文档中只能存在一个画布，但可以同时存在多个画板，且每个画板都是独立存在的，可以进行不同的编辑操作。

在底部状态栏的"画板导航"选项中会显示当前选中画板的编号，如图 2-17 所示。单击"画板导航"按钮，在弹出的画板编号列表中选择任意编号，该画板快速居中并将

其缩放以适合屏幕，如图 2-18 所示。

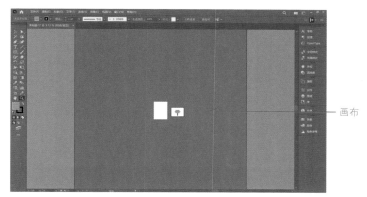

图 2-16　画布区域

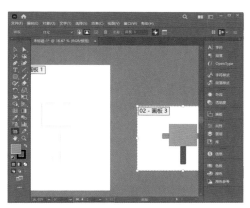

图 2-17　显示画板编号

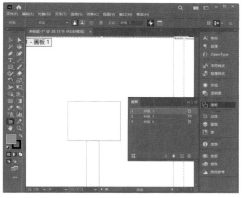

图 2-18　画板快速居中并缩放

选择"视图→显示打印拼贴"命令，画板边缘显示打印拼贴，此时可以查看与画板相关的页面边界，如图 2-19 所示。当打印拼贴开启时，将由窗口最外边缘和页面可打印区域之间的实线和虚线来表示可打印和非打印区域，如图 2-20 所示。

图 2-19　选择命令

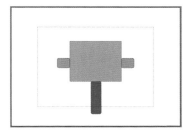

图 2-20　可打印和非打印区域

2.3.3　删除画板

选中或者单击"画板"面板上想要删除的画板，按【Delete】键或者单击"画板"面板底部的"删除画板"按钮，即可删除选中的画板，如图 2-21 所示。也可以在选中画板后，单击"画板"面板右上角的■图标，在弹出的下拉菜单中选择"删除画板"选项，即可删除选中的画板，如图 2-22 所示。

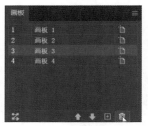

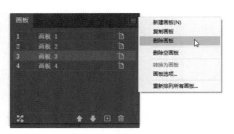

图 2-21　"删除画板"按钮　　　　　　　　图 2-22　"删除画板"选项

2.3.4　使用"画板"面板

选择"窗口→画板"命令，打开"画板"面板，如图 2-23 所示。单击画板名称即可激活当前画板，使用该功能可以在不同画板之间快速切换。双击画板名称，输入新的名称后，可以完成重命名画板的操作。

在"画板"面板中单击画板名称后面的■图标，可以打开"画板选项"对话框。单击面板中的"上移"按钮，选中的画板将会向上移动一层；单击"下移"按钮，选中的画板将会向下移动一层；单击"新建画板"按钮，将在选中画板下方新建一个画板。

单击"重新排列所有画板"按钮，弹出"重新排列所有画板"对话框，如图 2-24 所示，用户可在该对话中设置画板的版面、版面顺序、列数和间距等参数。

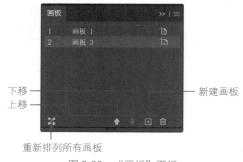

图 2-23　"画板"面板　　　　　　　　　　图 2-24　"重新排列所有画板"对话框

Illustrator 为用户提供了 4 种画板排列方式，分别是按行设置网格■、按列设置网格■、按行排列■和按列排列■。选择任意排列方式后，通过设置行数和间距，可以实现更丰富的画板排版布局。

单击"版面顺序"中的■按钮，将画板的排列方式更改为从右至左排列，如图 2-25 所示。单击■按钮，将画板的排列方式更改为从左至右排列，如图 2-26 所示。

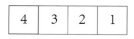

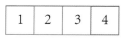

图 2-25　从右至左排列　　　　　　　　　　图 2-26　从左至右排列

> **提示**
>
> 　　用户可以将画板作为裁剪区域使用，以供打印或导出内容。可以使用多个画板来创建各种内容，例如，多页 PDF、大小或元素不同的打印页面、网站的独立元素、视频故事板、组成 Adobe Animate 或 After Effects 中的动画的各个项目。

2.3.5　设置画板选项

　　双击工具箱中的"画板工具"按钮或单击"属性"面板中的"画板选项"按钮，将弹出"画板选项"对话框，如图 2-27 所示。用户可在该对话框中设置画板的各项参数，设置完成后，单击"确定"按钮。

2.3.6　案例操作——制作 App 多页面画板

源文件：无

操作视频：视频 / 第 2 章 / 制作 App 多页面画板

图 2-27　"画板选项"对话框

　　Step 01 选择"文件→新建"命令，在弹出的"新建文档"对话框中选择"移动设备"选项卡下的任意预设，单击"创建"按钮，新建一个文档，新建文档中包含一个画板，如图 2-28 所示。

　　Step 02 选择"窗口→画板"命令，弹出"画板"面板。双击面板中"画板 1"的名称，修改画板名为"首页"。单击"新建画板"按钮，新建一个名称为"注册页"的画板，如图 2-29 所示。

图 2-28　新建文档包含一个面板

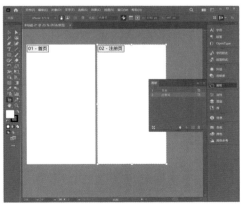

图 2-29　新建画板

> **提示**
>
> 　　选中想要修改名称的画板，用户可以在"属性"面板的"名称"文本框中修改画板的名称，完成重命名的操作。

　　Step 03 按住【Alt】键的同时使用"画板工具"拖曳复制画板，修改复制画板的名称为"新闻页"。选择"编辑→复制"命令，复制画板，选择"编辑→粘贴"命令，粘贴画板，修改复制画板的名称为"购物页"，如图 2-30 所示。

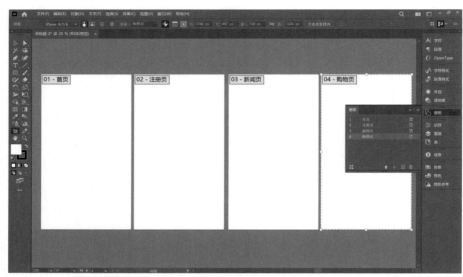

图 2-30　拖曳复制画板

Step 04　使用"画板工具"拖曳调整画布中画板的位置，选中"新闻页"画板，单击"画板"面板中的"删除画板"按钮或按【Delete】键将其删除，如图 2-31 所示。

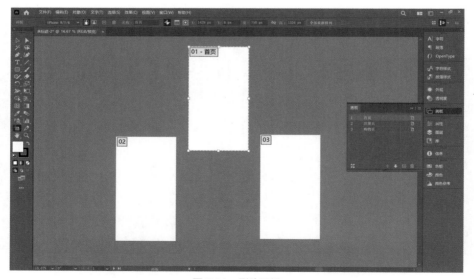

图 2-31　删除画板

提示

　　按【Ctrl+X】组合键，可将画板剪切到设备内存中。如果画板中包含图形元素，剪切画板时，这些元素将一起被剪切到设备内存中。单击"控制"面板上的"移动 / 复制带画板的图稿"按钮，则画板中的内容将不会与画板共同选择移动、复制或者剪切等操作。

2.4　打开和关闭文件

在 Illustrator 中，用户可以通过选择"打开"命令，打开外部的多类格式的图像文件，并对其进行编辑处理。也可以将未完成的 Illustrator 文件打开，继续进行各种操作处理。

2.4.1　常规的打开方法

启动 Illustrator 后，单击主页左侧的"打开"按钮、选择"文件→打开"命令或按【Ctrl+O】组合键，弹出"打开"对话框，如图 2-32 所示。在"打开"的对话框中选择要打开的文件，单击"打开"按钮或直接双击要打开的文件，即可将文件打开，如图 2-33 所示。

图 2-32　"打开"对话框

图 2-33　打开文件

【提示】

单击第一个文件，按住【Shift】键并单击想要一起打开的最后一个文件，同时选中两个文件之间的所有文件，单击"打开"按钮即可打开连续的文件。按住【Ctrl】键并依次单击要打开的不连续文件，再单击"打开"按钮即可打开不连续的文件。

2.4.2　在 Bridge 中打开文件

选择"文件→在 Bridge 中浏览"命令，启动 Bridge 软件，如图 2-34 所示。在 Bridge 中浏览并选中想要打开的文件，双击该文件即可在 Illustrator 中打开，如图 2-35 所示。

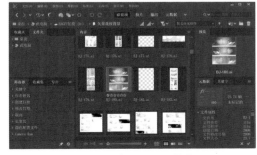

图 2-34　启动 Brdige 软件

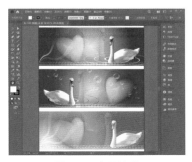

图 2-35　打开文件

> **提示**
>
> 　　在 Illustrator 中打开文件的数量是有限的。打开的数量取决于使用的计算机所拥有的内存和磁盘空间的大小。此外，与文件的大小也有密切的关系。内存和磁盘空间越大，能打开的文件数目就越多。

2.4.3　打开最近打开过的文件

　　在 Illustrator 中进行保存文件或打开文件等操作时，"文件→最近打开的文件"子菜单中会显示出用户最近编辑过的 20 个图像文件，如图 2-36 所示。利用"最近打开的文件"菜单中的文件列表，用户可以快速打开最近使用过的文件。

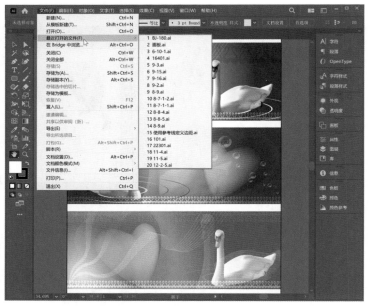

图 2-36　打开最近打开过的文件

　　同时打开多个文件后，所有打开的文件将以选项卡的形式显示在"控制"面板下面，每个选项卡上显示当前文件的名称、显示比例和模式，用户可以通过单击不同的选项卡，选择激活不同的文件。

2.4.4　关闭文件

　　在 Illustrator 中完成文件的编辑后，需要关闭文件以结束当前操作。选择"文件→关闭"命令、按【Ctrl+W】组合键或单击文档窗口右上角的"关闭"按钮 ，都可以关闭当前文件，如图 2-37 所示。

　　如果在 Illustrator 中同时打开了多个文件，按住【Shift】键的同时单击文档窗口右上角的"关闭"按钮，即可关闭全部文件。

　　选择"文件→退出"命令、按【Ctrl+Q】组合键或单击 Illustrator 界面右上角的"关闭"按钮 ，都可以退出 Illustratro 软件，如图 2-38 所示。

在文件标题栏上右击，弹出如图 2-39 所示的快捷菜单。在该菜单中可以完成"关闭"和"关闭全部"的操作。同时还能完成"全部合并到此处""移动到新窗口""新建文档"和"打开文档"等操作。

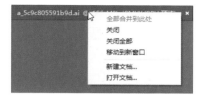

图 2-37　"关闭"命令　　　图 2-38　"退出"命令　　　　图 2-39　快捷菜单

2.5　置入

在 Illustrator CC 中，用户可以将照片、图像或矢量格式的文件作为智能对象置入文档中，并对其进行编辑。

2.5.1　"置入"文件

选择"文件→置入"命令，弹出"置入"对话框，如图 2-40 所示。选择要置入的文件后，单击"置入"按钮，在画板中单击或拖曳，即可将文件置入，效果如图 2-41 所示。

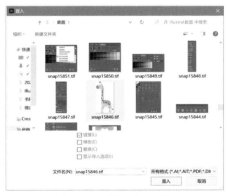

图 2-40　"置入"对话框　　　　　　　　图 2-41　置入文件

1. 置入文件

置入的文件采用的是链接的方式，选择"窗口→链接"命令，用户可以在"链接"面板中识别、选择、监控和更新文件，如图 2-42 所示。采用"链接"方式置入画板的文件，不会增加文档的体积大小；移动文件时，要将链接文件一起移动，否则将无法正确显示。

单击"控制"面板中的"嵌入"按钮 嵌入 ，可将链接文件嵌入到 Illustrator 文档中。嵌入文件会增加文档的体积大小，并且"链接"面板中嵌入文件后面的"链接"图标将消失，将光标置于链接文件上方，出现已嵌入的提示信息，如图 2-43 所示。

图 2-42　"链接"面板　　　　　　　　　图 2-43　嵌入链接文件

单击"链接"面板右上角的按钮，在弹出的面板菜单中选择"取消嵌入"选项，弹出"取消嵌入"对话框，为文件重新指定"文件名"和"保存类型"，单击"保存"按钮，即可取消文件的嵌入。取消嵌入时，只能将文件保存为 PSD 格式或 TIF 格式。

如果要置入包含多个页面的 PDF 文件，可以选择置入的页面及裁剪图稿的方式。如果要嵌入 PSD 格式的文件，可选择转换图层的方式。如果文件中包含图层复合，还可以选择要导入的图像版本。

2. 支持 HEIF 或 WebP 格式

在 Illustrator CC 2022 中，用户可以打开或置入 HEIF 或者 WebP 格式的文件。

HEIF（High Efficiency Image File，高效图像文件）是一种高效的图片封装格式，文件扩展名为 HEIC。HEIF 是一种封装格式，一般 HEIF 格式的图片特指以 HEVC（H.265）编码器进行压缩的图像文件。采用更先进、高效的 HEVC 编码方式，在相同的一张图片上，HEIF 格式可以将照片的大小压缩到 JPEG 格式的 50% 左右，而在同一部手机上，就可以存储相比以前多 2 倍的照片数量。

> **提示**
>
> 由于封装格式与编码方式的相互独立，赋予了 HEIF 格式更多的功能特性。该格式不仅可以存储静态图像、EXIF、景深信息和透明通道等信息，还可以存储动画、视频、音频等，带来了更多的可玩性。

WebP 是一种同时提供了有损压缩与无损压缩的图片文件格式，派生自图像编码格式 VP8。VP8 是由 Google 购买 On2 Technologies 后发展出来的格式，它可将网页图档有效压缩，同时又不影响图片格式兼容与实际清晰度，进而让整体网页下载速度加快。

2.5.2　操作案例——置入 PDF 文件

源文件：源文件 / 第 2 章 / 置入 PDF 文件
操作视频：视频 / 第 2 章 / 置入 PDF 文件

Step 01 选择"文件→打开"命令，将"素材 \ 第 2 章 \201.ai"文件打开，如图 2-44 所示，选择"文件→置入"命令，弹出"置入"对话框，如图 2-45 所示。

Step 02 选择"素材 \ 第 2 章 \202.pdf"文件，并选中"显示导入选项"复选框，如图 2-46 所示。单击"置入"按钮，弹出"置入 PDF"对话框，如图 2-47 所示。

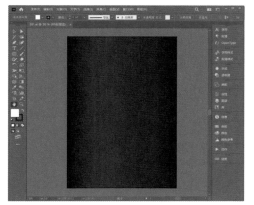

图 2-44　打开素材文件

图 2-45　"置入"对话框

图 2-46　"显示导入选项"复选框

图 2-47　"置入 PDF"对话框

Step 03 单击右侧的三角形按钮，选择第二个画板，如图 2-48 所示。单击"确定"按钮，在画板左上角位置单击，即可置入 PDF 文件的一页，效果如 2-49 所示。

图 2-48　选择画板

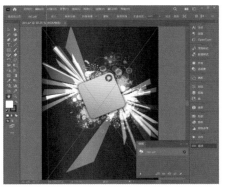

图 2-49　置入效果

Step 04 单击"控制"面板上的"嵌入"按钮，将置入文件嵌入文档，效果如图 2-50 所示。选择"文件→存储"命令或按【Ctrl+S】组合键，将文件保存，如图 2-51 所示。

图 2-50　嵌入效果

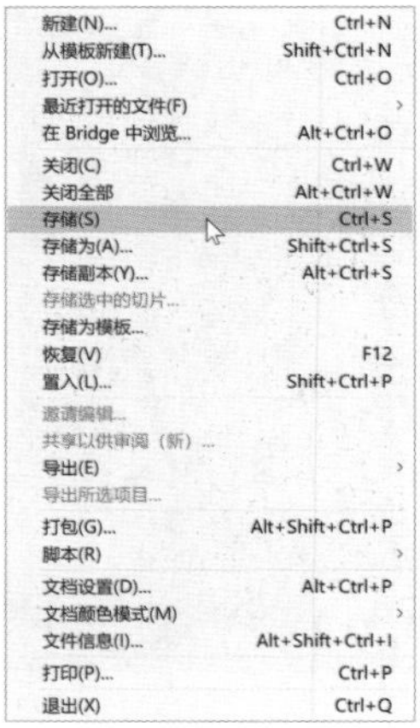

图 2-51　存储命令

2.6　还原和恢复文件

在绘制过程中，经常会出现操作失误或对操作效果不满意的情况，这时就可以使用"还原"命令将图像还原到操作前的状态。如果已经选择了多个操作步骤，可以使用"恢复"命令直接将图像恢复到最近保存的图像状态。

2.6.1　还原和重做文件

选择"编辑→还原"命令或者按【Ctrl+Z】组合键，即可撤回最近的一次操作。连续多次选择"还原"命令或者按【Ctrl+Z】组合键，可以逐步撤回以前的操作。

即使选择了"存储"操作，也可以进行还原操作。但是，如果关闭了文件又重新打开，则无法再还原。当"还原"命令显示为灰色时，表示当前操作不能"还原"，如图 2-52 所示。

选择"编辑→重做"命令或者按【Shift+Ctrl+Z】组合键，即可再次选择最近一次被还原等操作。连续多次选择"重做"命令或者按【Shift+Ctrl+Z】组合键，可以逐步重做还原的操作，直至到最后一次操作，"重做"命令将变为灰色。如图 2-53 所示。

图 2-52　"还原"命令不可用

图 2-53　"重做"命令不可用

2.6.2　恢复文件

选择"文件→恢复"命令或按【F12】键，如图 2-54 所示。可以将文件恢复到上一次存储的版本。如果关闭文件后再将其重新打开，则无法选择"恢复"操作。

图 2-54　"恢复"命令

2.7　添加版权信息

在完成的作品中添加一些文件简介，说明文件的创作者、创作说明等信息，既能增加文件说明，又能起到保护版权的作用。

选择"文件→文件信息"命令，弹出以当前文件名命名的对话框，该对话框中显示当前文件的版权信息。用户也可以在该对话框中输入文档标题、作者、作者头衔、分级、关键字、版权状态和版权公告等信息，进一步完善文件的版权信息，如图 2-55 所示。

除了可以输入"基本"信息，还可以查看摄像机数据、原点、IPTC、IPTC 扩展、GPS 数据、音频数据、Photoshop、DICOM、AEM Properties 和原始数据信息。图片原始数据信息如图 2-56 所示。

图 2-55　图片版权信息

图 2-56　图片原始数据信息

2.8 存储文件

　　无论用户是创建新文件，还是打开以前的文件进行编辑，在操作完成之后通常都需要将其保存，以便之后使用或再次编辑。

2.8.1　使用"存储"和"存储为"命令

　　在 Illustrator 中新建文件并完成图形的绘画与编辑后，选择"文件→存储"命令或者按【Ctrl+S】组合键，弹出"存储为"对话框，如图 2-57 所示。设置"文件名"和"保存类型"选项，如图 2-58 所示。单击"保存"按钮，即可将文件保存。

图 2-57　"存储为"对话框　　　　　　　　图 2-58　选择文件保存类型

提示

　　用户可以在"文件处理和剪贴板"首选项下设置 Illustrator 自动保存的时间。尽量避免发生由于忘记保存而造成数据丢失的情况。

　　在 Illustrator 中打开文件并编辑完成后，选择"文件→存储"命令或按【Ctrl+S】组合键，文件将以打开文件的名称和类型进行保存；也可以选择"文件→存储为"命令或者按【Ctrl+Shift+S】组合键，弹出"存储为"对话框，用户可在该对话框中为文件设置新的名称和保存类型，设置完成后单击"保存"按钮，即可将文件存储为一个新文件（原始文件不变）。

　　保存一些图形复杂、尺寸较大的文件时，Illustrator 会在软件界面底部显示存储的进度，以便用户随时查看进度。

2.8.2　存储为副本和模板

　　选择"文件→存储副本"命令，弹出"存储副本"对话框，如图 2-59 所示，单击"保存"按钮，即可完成存储操作。该命令可以基于当前文件保存一个同样的副本，副本文件的名称后面会添加"复制"两个字。

　　选择"文件→存储为模板"命令，弹出"存储为"对话框，在对话框中选择文件的保存位置，输入文件名，如图 2-60 所示。单击"保存"按钮，即可将当前文件保存为一个 AIT 类型的模板文件。

图 2-59　"存储副本"对话框

图 2-60　"储存为"对话框

2.8.3　存储选中的切片

选中画板中的切片，选择"文件→存储选中的切片"命令，弹出"将优化结果存储为"对话框，输入"文件名"并选择"保存类型"，如图 2-61 所示；单击"保存"按钮，即可将切片下的图形存储为单个文件。

切片文件的类型取决于用户在"存储为 Web 所用格式"对话框中设置的优化文件格式，如图 2-62 所示。

图 2-61　"将优化结果存储为"对话框

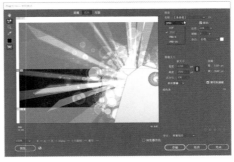

图 2-62　"存储为 Web 所用格式"对话框

2.9　导出文件

为了不同的使用目的，可以通过选择"文件"→"导出"命令，选中下拉菜单中的命令选项，将文件导出为不同的文件类型，如图 2-63 所示。

导出为多种屏幕所用格式...	Alt+Ctrl+E
导出为...	
存储为 Web 所用格式 (旧版) ...	Alt+Shift+Ctrl+S

图 2-63　导出命令

2.9.1　导出为多种屏幕所用格式

选择"文件→导出→导出为多种屏幕所用格式"命令或者按【Alt+Ctrl+E】组合键，

图 2-64　"导出为多种屏幕所用格式"对话框

弹出"导出为多种屏幕所用格式"对话框，如图 2-64 所示。

1. 画布

单击对话框左侧顶部的"画板"选项卡，将显示当前文档中所包含的所有画板，如图 2-65 所示。如果画板数量过多，用户可以通过单击左下角的"小缩览图视图"按钮，使用小缩览图显示画板，如图 2-66 所示。单击"清除选区"按钮，即可取消所有画板的选择。

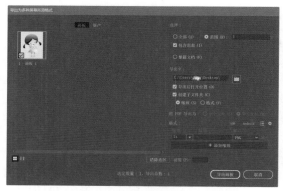

图 2-65　"画板"选项卡

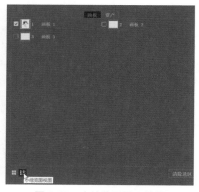

图 2-66　小缩览图显示效果

用户可以在右侧"选择"选项组中选择导出"全部"画板或者导出个别画板；选中"包含出血"复选框，导出画板时将包含出血；选择"整篇文档"单选按钮，将整个文档导出为一个文件，如图 2-67 所示。

用户可以在"导出至"选项组中设置导出文件的位置；选中"导出后打开位置"复选框，将在导出操作完成后，自动打开导出位置文件夹；选中"创建子文件夹"复选框，将为缩放的倍率文件创建文件夹，如图 2-68 所示。

图 2-67　"选择"选项组

图 2-68　"导出至"选项组

用户可以在"格式"选项组中设置导出对象的缩放、扩展名和格式等参数，如图 2-69 所示；还可以在缩放下拉列表中为导出对象设置不同的缩放比例、尺寸和分辨率，如图 2-70 所示。

默认情况下，导出的对象以画板名称或对象的名称命名，用户可以通过在扩展名文本框中输入内容，为导出对象名字的结尾处添加扩展名文本，添加的扩展名效果可在如图 2-71 所示的位置看到预览效果。

图 2-69　"格式"选项组　　　图 2-70　缩放下拉菜单　　　图 2-71　添加扩展名

　　用户可以在"格式"下拉列表中选择一种导出格式，Illustrator 提供了 7 种格式供用户选择使用，如图 2-72 所示。

　　单击"格式"选项右侧的 图标，弹出"格式设置"对话框，如图 2-73 所示。用户可以按照需求设置每种格式的参数，设置完成后，单击"存储设置"按钮，关闭"格式设置"对话框，此时"格式"下拉列表中的格式将使用新设置的参数。

　　单击"添加缩放"按钮，如图 2-74 所示，即可为导出对象添加其他缩放比例或文件格式。当包含两种以上的缩放比例时，单击 按钮，即可删除当前缩放比例。

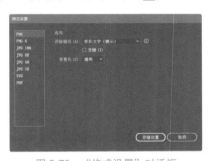

图 2-72　导出格式　　　图 2-73　"格式设置"对话框　　　图 2-74　添加缩放比例或文件格式

　　用户可以在"前缀"文本框中输入文本，用以在导出对象文件名前添加文本，如图 2-75 所示。如果"前缀"文本框为空白，表示不添加任何前缀。

　　如果要导出移动 UI 对象，可以分别单击"格式"选择右侧的 iOS 按钮或者 Android 按钮，选择使用 iOS 设备预设或者 Android 设备预设，如图 2-76 所示。

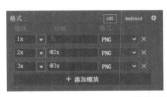

图 2-75　添加前缀　　　图 2-76　iOS 设备预设和 Android 设备预设

　　iOS 系统只需要输出 3 种倍率就可以满足所有设备的适配；Android 系统设备种类较多，一般需要输出 6 种不同倍率的图像。

确定对话框底部的"选定数量"和"导出总数"选项的数值无误后，单击"导出画板"按钮，完成将当前选中画板导出的操作。

2. 资产

选择"窗口→资源导出"命令，弹出"资源导出"面板，如图 2-77 所示。选中文档中需要导出的元素并将其拖曳到"资源导出"面板中，如图 2-78 所示。

图 2-77　"资源导出"面板

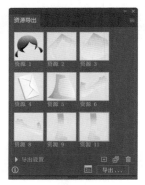

图 2-78　导出元素

图 2-79　"资产"选项卡

单击面板底部的 按钮，打开"导出为多种屏幕所用格式"对话框，选择"资产"选项卡，用户可以选择要导出的元素，如图 2-79 所示。其他参数设置与导出"画板"相同。按照需要设置完成后，单击"导出资源"按钮，即可将选中的元素导出。

"导出为多种屏幕所用格式"工作流程是一种全新的方式，可以通过一步操作生成不同大小和文件格式的资源。使用快速导出功能可以更加简单快捷地生成图像作品，如图标、徽标、图像和模型等，常用来导出 Web UI 和移动 UI 设计元素。

选中要导出的对象，选择"文件→导出所选项目"或者右击，在弹出的快捷菜单中选择"导出所选项目"命令，如图 2-80 所示，弹出"导出为多种屏幕所用格式"对话框，设置各项参数后，如图 2-81 所示，单击"导出资源"按钮，即可完成导出操作。

使用"选择工具"在画板中选中多个对象，右击，在弹出的快捷菜单中选择"收集以导出→作为单个资源"命令，所选对象将以整体的形式被添加到"资源导出"面板中，所有选中对象将被导出为一个资源，如图 2-82 所示。

选择"收集以导出→作为多个资源"命令，所选对象将分别单独被添加到"资源导出"面板中，每个对象将被导出为单个对象，如图 2-83 所示。

图 2-80　导出所有项目

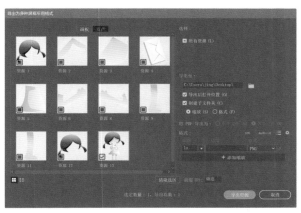

图 2-81　"导出为多种屏幕所用格式"对话框

图 2-82　导出为一个资源

图 2-83　导出为多个资源

　　选中画板中的多个对象，单击"资源导出"面板中的"从选区生成单个资源"按钮，将所有选中对象生成一个单独资源，如图 2-84 所示。单击"从选区生成多个资源"按钮，将所有选中对象相对应地生成多个资源，如图 2-85 所示。

图 2-84　生成单个资源

图 2-85　生成多个资源

2.9.2　导出为

选择"文件→导出→导出为"命令，弹出"导出"对话框，如图 2-86 所示。用户可以在"保存类型"下拉列表中选择文件格式，Illustrator 为用户提供了 15 种文件格式，如图 2-87 所示。选择任意一种格式，单击"导出"按钮，即可将文件导出为该格式。

图 2-86　"导出"对话框　　　　　　　　　　图 2-87　导出文件格式

2.9.3　存储为 Web 所用格式（旧版）

选择"文件→导出→存储为 Web 所用格式（旧版）"命令或者按【Alt+Shift+S】组合键，弹出"存储为 Web 所用格式"对话框，如图 2-88 所示。用户可在该对话框中设置各项 Web 参数，完成后单击"存储"按钮，弹出"将优化结果存储为"对话框，设置文件名、保存地址和保存类型等参数，单击"保存"按钮即可完成操作。

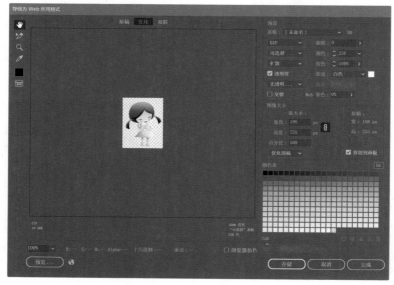

图 2-88　"存储为 Web 所用格式"对话框

2.10　打包

　　使用"打包"命令可以将文件中使用过的字体（汉语、韩语和日语除外）和链接图形收集起来，实现轻松传送。用户可以根据自己的实际需要选择创建包含 Illustrator 文档、任何必要的字体、链接图形及打包报告的文件夹。

　　将文件存储后，选择"文件→打包"命令，弹出"打包"对话框，如图 2-89 所示。设置打包文件保存的"位置"和"文件夹名称"后，在"选项"选项组选择需要打包的内容后，单击"打包"按钮，即可将文件中的内容打包存储到指定文件夹中。

图 2-89　"打包"对话框

2.11　本章小结

　　本章主要讲解了 Illustrator CC 的基本操作，包括新建和设置文档、使用画板、打开文件、置入文件、还原与恢复文件、存储和导出文件等内容。通过本章的学习，读者应能理解并掌握 Illustrator CC 的各种基本操作方法和命令。

第 3 章
绘图的基本操作

Illustrator CC 具有强大的图形绘制功能。本章将针对 Illustrator CC 的基本绘图功能进行讲解，帮助读者理解路径功能的同时，掌握各种绘图工具的使用方法和技巧，同时掌握 Illustrator CC 中编辑图形的方法。

本章知识点

（1）认识路径。
（2）了解绘图模式。
（3）掌握使用绘图工具。
（4）掌握使用钢笔工具、曲率工具和铅笔工具。
（5）掌握分割与复合路径的方法。
（6）掌握创建新形状的方法。

3.1　认识路径

在使用 Illustrator 绘制图形之前，首先要了解一下路径的概念。只有掌握了路径的特点和使用方法，才能更方便快捷地在 Illustrator 中绘制，从而设计制作出绚丽多彩、具有丰富艺术感的图形效果。

3.1.1　路径的组成

在 Illustrator CC 中，使用绘图工具绘制的图形所产生的线条称为"路径"。一段路径是由两个锚点和一个线段组成的，如图 3-1 所示。通过编辑路径的锚点，可以改变路径的形状，如图 3-2 所示。根据路径的这个特点，可以将路径分为直线路径和曲线路径。

图 3-1　路径

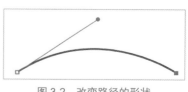

图 3-2　改变路径的形状

提示

用户可以使用工具箱中的"选择工具"和"直接选择工具"分别选中绘制的图形，观察路径上锚点的效果。使用"直接选择工具"可直接选中描点，单击"控制"面板上"转换"选项后的▶图标，完成直线锚点转换为曲线锚点的操作。

使用"直接选择工具"选择曲线路径上的锚点（或选择线段本身），曲线锚点会显示由方向线（终止于方向点）构成的方向手柄，如图 3-3 所示。方向线的角度和长度决定曲线段的形状，拖曳移动方向手柄能够改变曲线的形状，如图 3-4 所示。

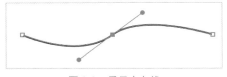

图 3-3　显示方向线

图 3-4　改变曲线的形状

方向线始终与锚点的曲线相切（与半径垂直）。方向线的角度决定曲线的斜度，方向线的长度决定曲线的高度或深度。方向线只是帮助用户调整曲线的形状，不会出现在最终的输出文件中。

3.1.2　路径的分类

路径分为开放路径和闭合路径两种。开放路径的起点和终点互不连接，具有两个端点，如图 3-5 所示。常见的直线、弧线和螺旋线等路径都属于开放路径。

闭合路径是连续的且没有端点存在，如图 3-6 所示。多边形、椭圆形和矩形等路径都属于闭合路径。

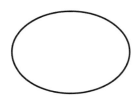

图 3-5　开放路径　　　图 3-6　闭合路径

3.2　绘图模式

Illustrator CC 为用户提供了正常绘图、背面绘图和内部绘图 3 种绘图模式。用户可以单击工具箱中的相应按钮，选择不同的绘图模式，或者按【Shift+D】组合键在绘图模式之间循环切换，如图 3-7 所示。

背面绘图模式允许用户在没有选择画板的情况下，在所选图层上的所有画板背面绘图。如果选择了画板，将直接在所选对象下面绘制新对象，如图 3-8 所示。

内部绘图模式仅在选择单一对象（路径、混合路径或文本）时启用。当对象启用内部绘图模式后，对象四周将出现虚线

图 3-7　绘图模式　　　图 3-8　背面绘图

开放矩形，内部绘图模式允许用户在选中对象的内部绘图，绘制效果如图 3-9 所示。

图 3-9　内部绘图绘制效果

提示

按【Shift+D】组合键可以切换绘图模式，该组合键对 3 种绘图模式都起作用，并且是按正常绘图、背面绘图和内部绘图的顺序进行切换的。

3.3　使用绘图工具

Illustrator CC 为用户提供了多种绘图工具，可以帮助用户完成各种图形的绘制。接下来逐一进行介绍。

3.3.1　直线段工具

单击工具箱中的"直线段工具"按钮▱或按【\】键，在画板中按下鼠标左键拖曳，如图 3-10 所示，释放鼠标左键即可在画板中绘制出一条直线段，如图 3-11 所示。

图 3-10　拖曳绘制直线段　　　　　　　　　　　　　图 3-11　直线段效果

用户可以在"控制"面板上设置直线段的颜色和描边宽度，如图 3-12 所示。设置完成后的直线段效果如图 3-13 所示。

图 3-12　设置直线段的颜色和描边宽度　　　　　　图 3-13　绘制直线段效果

提示

绘制直线段的同时按住【Shift】键，即可绘制出 45°整数倍角度的直线段。绘制时按住空格键，可以平移绘制直线段的位置。按住【Alt】键的同时绘制直线段，将以开始位置为中心点向两侧延伸绘制。

　　按住【~】键并使用"直线段工具"拖曳，可以绘制多条直线段，如图 3-14 所示。使用"直线段工具"在画板中单击或双击工具箱中的"直线段工具"按钮，将弹出"直线段工具选项"对话框，如图 3-15 所示。在对话框中设置参数，单击"确定"按钮，完成绘制。

图 3-14　绘制多条直线段　　图 3-15　"直线段工具"选项"对话框

　　选择"窗口→变换"命令或按【Shift+F8】组合键，打开"变换"面板，如图 3-16 所示。通过修改"直线属性"下的"直线长度"和"直线角度"选项，控制直线段的效果。

　　选择"窗口→属性"命令，弹出"属性"面板，单击"属性"面板中"变换"选项组右下角的"更多选项"按钮，如图 3-17 所示。或单击"控制"面板上的"形状属性"按钮，如图 3-18 所示，即可弹出相应的参数面板，用户也可以通过修改面板中的选项参数来控制直线段效果。

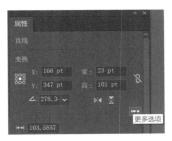

图 3-16　"变换"面板　　　　图 3-17　"属性"面板　　　　图 3-18　"形状属性"选项

3.3.2　案例操作——绘制铅笔图形

　　源文件：源文件 / 第 3 章 / 绘制铅笔图形
　　操作视频：视频 / 第 3 章 / 绘制铅笔图形

Step 01 新建一个 Illustrator 文件。使用"直线段工具"在画板中创建一条直线段。在"控制"面板中设置填色为 RGB(70、180、255)，描边宽度为 6pt，如图 3-19 所示。

Step 02 按住【Alt】键并使用"选择工具"拖曳复制一条直线段，修改填色为 RGB(70、141、255)，再次复制直线段并修改填色为 RGB(35、96、255)，如图 3-20 所示。

图 3-19　直线段效果　　　　　　　　　图 3-20　完成笔杆效果

Step 03 使用"多边形工具"在画板中绘制一个半径为 6px、边数为 3 的三角形，修改其填色为 RGB(230、33、82)，如图 3-21 所示。

Step 04 使用"选择工具"调整三角形的角度和大小，继续使用相同的方法，绘制一个黑色的三角形，效果如图 3-22 所示。

图 3-21　绘制三角形

图 3-22　铅笔效果

3.3.3　弧形工具

单击工具箱中的"弧形工具"按钮，在画板中单击并拖曳，如图 3-23 所示。当到达想要终止弧线的位置时，释放鼠标左键，即可在画板中绘制出一个弧形，如图 3-24 所示。

使用"弧形工具"绘制时，可以通过键盘上的【↑】键或【↓】键调整弧线的弧度和方向。在释放鼠标左键之前，按住【Shift】键可以绘制垂直方向或水平方向长度比例相等的弧形。

图 3-23　拖曳绘制弧形　　图 3-24　铅笔效果

在绘制弧形时，按【F】键可以改变弧线的方向，按【C】键可以封闭绘制的弧线，如图 3-25 所示。

使用"弧形工具"在画板上任意位置单击或双击工具箱中的"弧形工具"按钮，将弹出"弧线段工具选项"对话框，如图 3-26 所示。单击参考点定位器上的一个顶点，以确定绘制弧线的参考点。设置对话框中的选项，单击"确定"按钮，即可绘制一段弧线。

图 3-25　封闭绘制的弧线　　图 3-26　"弧线段工具选项"对话框

3.3.4　螺旋线工具

单击工具箱中的"螺旋线工具"按钮，在画板中单击并拖曳，如图 3-27 所示。当达到合适的大小和位置时，释放鼠标左键，即可在画板中绘制出一条螺旋线。

使用"螺旋线工具"在画板上单击，将弹出"螺旋线"对话框，如图 3-28 所示。在对话框中设置参数，单击"确定"按钮，即可创建一条指定尺寸的螺旋线，如图 3-29 所示。

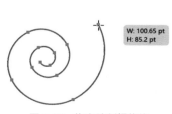
图 3-27　拖曳绘制螺旋线

图 3-28　"螺旋线"对话框

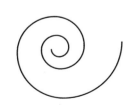
图 3-29　螺旋线效果

使用"螺旋线工具"绘制时，可以通过键盘上的【↑】键或【↓】键调整螺旋线的段数。在释放鼠标左键之前，按住【Shift】键可以绘制长度比例相等的螺旋线。

3.3.5　矩形网格工具

单击工具箱中的"矩形网格工具"按钮▦，在画板中单击并拖曳，如图 3-30 所示。当达到合适的大小和位置时，释放鼠标左键即可在画板中绘制一个矩形网格。

使用"矩形网格工具"在画板中单击或双击工具箱中的"矩形网格工具"按钮，将弹出如图 3-31 所示的对话框。单击参考点定位器上的一个顶点后，再设置其余选项，单击"确定"按钮，即可创建一个指定尺寸的矩形网格，如图 3-32 所示。

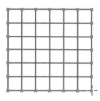

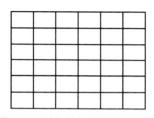

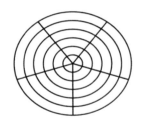

图 3-30　拖曳绘制矩形网格　　　　图 3-31　"矩形网格工具　　　　图 3-32　创建指定尺寸的矩形网格
　　　　　　　　　　　　　　　　　　　　　　选项"对话框

3.3.6　极坐标网格工具

单击工具箱中的"极坐标网格工具"按钮◉，在画板中单击并拖曳，如图 3-33 所示。当达到合适的大小和位置时，释放鼠标左键，即可在画板中绘制出一个极坐标网格。

使用"极坐标网格工具"在画板中单击或双击工具箱中的"极坐标网格工具"按钮，弹出如图 3-34 所示的对话框。单击参考点定位器上的一个顶点后，再设置对话框中的各个选项，单击"确定"按钮，即可在画板上创建一个指定尺寸的极坐标网格，如图 3-35 所示。

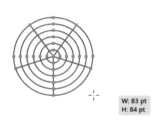

图 3-33　拖曳极坐标网格　　　　图 3-34　"极坐标网格工具　　　　图 3-35　创建指定尺寸的极
　　　　　　　　　　　　　　　　　　　　　　选项"对话框　　　　　　　　　　坐标网格

3.3.7 矩形工具和圆角矩形工具

单击工具箱中的"矩形工具"按钮▣或者按【M】键，在画板中单击并向对角线方向拖曳，如图 3-36 所示。达到所需大小后释放鼠标左键，即可完成矩形的绘制。

使用"矩形工具"在画板上任意位置单击，将弹出"矩形"对话框，如图 3-37 所示。在对话框中输入"宽度"和"高度"数值后，单击"确定"按钮，即可在画板中创建一个指定尺寸的矩形，如图 3-38 所示。

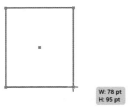

图 3-36 拖曳绘制矩形

图 3-37 "矩形"对话框

图 3-38 创建指定尺寸的矩形

提示

使用"矩形工具"绘制时，按住【Shift】键可以绘制正方形。激活"矩形"对话框中的"约束宽度和高度比例"按钮，单击"确定"按钮，也可以创建正方形。

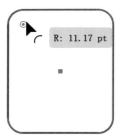

图 3-39 拖曳调整矩形顶点

将光标移动到矩形图像边角内的控制点上，按下鼠标左键并拖曳，此时光标右侧显示边角的度数，如图 3-39 所示。达到所需角度后释放鼠标左键，即可将矩形图像调整为圆角矩形，如图 3-40 所示。

单击工具箱中的"圆角矩形工具"按钮▣，将光标移动到画板中，按下鼠标左键并向对角线方向拖曳，如图 3-41 所示。达到所需大小后，释放鼠标左键，即可完成圆角矩形的绘制，如图 3-42 所示。拖曳圆角矩形顶点内部的控制点，可以调整矩形圆角的圆角值。

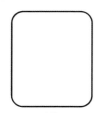

图 3-40 圆角矩形图形

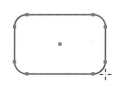

图 3-41 拖曳绘制圆角矩形

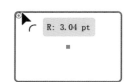

图 3-42 绘制圆角矩形效果

用户可以在"变换"面板中设置矩形和圆角矩形的宽度、高度和角度，如图 3-43 所示。取消激活"链接圆角半径值"按钮，可以分别设置矩形和圆角矩形 4 个顶点的圆角半径值，用以获得更丰富的图形效果，如图 3-44 所示。

图 3-43　设置宽度、高度和角度

图 3-44　分别设置圆角半径值效果

3.3.8　椭圆工具

单击工具箱中的"椭圆工具"按钮或者按【L】键，将光标移动到画板中，按下鼠标左键并拖曳，如图 3-45 所示。达到所需大小后，释放鼠标左键，即可完成椭圆图形的绘制。

使用"椭圆工具"在画板上任意位置单击，将弹出"椭圆"对话框，如图 3-46 所示。分别输入"宽度"和"高度"的数值后，单击"确定"按钮，即可创建一个指定尺寸的矩形。用户可在"变换"面板中设置椭圆图形的宽度、高度和椭圆角度，如图 3-47 所示。

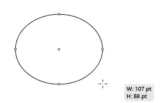

图 3-45　拖曳绘制椭圆

图 3-46　"椭圆"对话框

图 3-47　"变换"面板

提示

使用"椭圆工具"绘制时，按住【Shift】键可以绘制正圆。激活"椭圆"对话框中的"约束宽度和高度比例"按钮，单击"确定"按钮，也可以创建正圆。

选中绘制的椭圆图形，将光标移动到定界框右侧的控制点上，如图 3-48 所示。按下鼠标左键向上下方向拖曳，释放光标后可将椭圆调整为饼图，效果如图 3-49 所示。

饼图包括两条控制轴，分别控制饼图的起点角度和终点角度，如图 3-50 所示。除了可以通过拖曳控制点调整饼图的角度，还可以在"变换"面板中输入数值，准确控制饼图的起点和终点的角度，如图 3-51 所示。

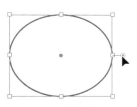

图 3-48　移动光标位置

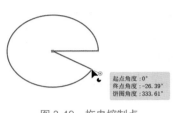

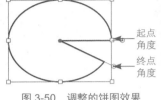

起点角度

终点角度

图 3-49　拖曳控制点　　　　图 3-50　调整的饼图效果　　　　图 3-51　"变换"面板

单击"变换"面板中的"约束饼图角度"按钮，将其激活。再使用"变换"面板修改饼图的角度值时，饼图的起点和终点之间的角度差异将保持不变，如图 3-52 所示。

单击"变换"面板中的"反转饼图"按钮，可快速互换饼图的起点和终点的角度值；使用此功能可以生成"切片"图形，如图 3-53 所示。

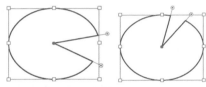

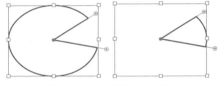

图 3-52　"约束饼图角度"效果　　　　　　　　图 3-53　"反转饼图"效果

3.3.9　案例操作——使用椭圆工具绘制樱桃

源文件：源文件 / 第 3 章 / 使用椭圆工具绘制樱桃
操作视频：视频 / 第 3 章 / 使用椭圆工具绘制樱桃

Step 01 新建一个 Illustrator 文件。使用"椭圆工具"在画板中绘制一个填色为 RGB(255、0、0) 的圆形；继续使用"椭圆工具"绘制一个填色为 RGB(255、95、95) 的圆形，再使用"椭圆工具"绘制一个白色的圆形，如图 3-54 所示。

Step 02 使用"弧形工具"在画板中绘制一段黑色的弧形，效果如图 3-55 所示。在"控制"面板中设置"描边"的宽度和画笔类型，效果如图 3-56 所示。

图 3-54　绘制圆形　　　图 3-55　设置"描边"宽度和画笔类型　　　图 3-56　绘制弧形效果

Step 03 使用"椭圆工具"绘制一个填色为 RGB(50、150、0)、描边为"无"的椭圆，效果如图 3-57 所示。单击工具箱中的"锚点工具"按钮，将光标移动到椭圆的一个顶点上单击，效果如图 3-58 所示。

Step04 使用"选择工具"旋转椭圆并调整到如图 3-59 所示的位置。使用"弧线工具"绘制一条弧线，完成樱桃的绘制，效果如图 3-60 所示。

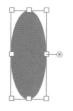   

图 3-57　绘制椭圆　　图 3-58　转换顶点　　图 3-59　调整椭圆位置　　图 3-60　樱桃最终效果

3.3.10　多边形工具

单击工具箱中的"多边形工具"按钮 ⬡，将光标移动到画板中单击并拖曳，如图 3-61 所示。达到所需大小后释放鼠标左键，完成多边形图形的绘制。将光标置于多边形图形内部的控制点上，单击并向内侧拖曳，可调整多边形图形的圆角半径，如图 3-62 所示。

 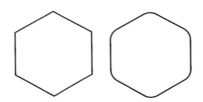

图 3-61　拖曳绘制多边形　　　　　　　　图 3-62　拖曳调整圆角半径

单击工具箱中的"直接选择工具"按钮 ▶，单击路径上的任意锚点，将其选中，如图 3-63 所示。将光标置于旁边的控制点上，按下鼠标左键并拖曳，即可将当前选中锚点转换为圆角锚点，如图 3-64 所示。同时选中多个锚点，拖曳调整边角效果，如图 3-65 所示。

 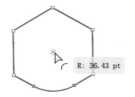 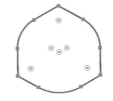

图 3-63　选中单个锚点　　图 3-64　拖曳调整锚点　　图 3-65　同时调整多个锚点

使用"多边形工具"在画板上单击，将弹出"多边形"对话框，如图 3-66 所示。输入具体参数后，单击"确定"按钮，创建指定尺寸和边数的多边形。绘制完成后，用户可以在"变换"面板中修改多边形的各项属性，如图 3-67 所示。

Illustrator CC 为多边形图形提供圆角、反向圆角和倒角 3 种边角类型，用户可以在选中多边形图形后单击"变换"面板

图 3-66　"多边形"对话框

中"圆角半径"文本框前面的▓图标，在弹出的面板中选择想要使用的类型，如图 3-68 所示。图 3-69 所示为反向圆角和倒角效果。

图 3-67　"变换"面板

图 3-68　选择边角类型

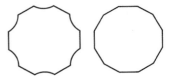

图 3-69　反向圆角和倒角效果

3.3.11　星形工具

单击工具箱中的"星形工具"按钮▓，将光标置于画板中，按下鼠标左键并拖曳，如图 3-70 所示。达到所需大小后，释放鼠标左键即可完成星形的绘制。

使用"星形工具"在画板上任意位置单击，将弹出"星形"对话框，如图 3-71 所示。输入"半径 1""半径 2"和"角点数"的数值后，单击"确定"按钮，即可创建一个指定尺寸和角数的星形图形，如图 3-72 所示。

图 3-70　拖曳绘制星形

图 3-71　"星形"对话框

图 3-72　绘制星形效果

使用"星形工具"创建星形图形，如图 3-73 所示。单击工具箱中的"直接选择工具"按钮▓，将光标置于多边形内部的任意一个控制点上，按下鼠标左键并向内侧拖曳，可以将多边形的边角调整为圆角，如图 3-74 所示。

图 3-73　创建星形

图 3-74　拖曳调整锚点

使用"直接选择工具"选择任意一个锚点，将光标移动到锚点旁边的控制点（图形外侧）上，按下鼠标左键并向外侧拖曳，即可将当前选中锚点转换为圆角锚点，如图 3-75 所示。用户也可以同时选中多个锚点，拖曳调整边角效果，如图 3-76 所示。

图 3-75　拖曳调整一个锚点　　图 3-76　拖曳调整多个锚点

3.3.12　案例操作——绘制卡通星形图标

源文件：源文件 / 第 3 章 / 绘制卡通星形图标
操作视频：视频 / 第 3 章 / 绘制卡通星形图标

Step01 新建一个 Illustrator 文件。使用"星形工具"在画板上创建一个角点数为 5 的星形。设置星形的填色为 RGB(247、232、47)、描边色为 RGB(106、57、6)，如图 3-77 所示。

Step02 使用"直接选择工具"拖曳调整五角星的边角，调整为圆形，如图 3-78 所示。

Step03 使用"椭圆工具"在星形上绘制一个填色为 RGB(0、105、52) 的圆形，如图 3-79 所示。按住【Alt】键的同时，使用"选择工具"拖曳复制一个圆形，效果如图 3-80 所示。

图 3-77　创建星形　　图 3-78　拖曳调整　　图 3-79　绘制圆形　　图 3-80　复制圆形
　　　　　　　　　　　　星形边角

Step04 继续使用"椭圆工具"绘制并复制一个填色为 RGB(255、159、63) 的椭圆，效果如图 3-81 所示。使用"直线段工具"绘制一条描边色为 RGB(0、105、52) 直线段，如图 3-82 所示。

Step05 单击工具箱中的"整形工具"按钮，拖曳调整直线段，完成卡通星形图标的绘制，效果如图 3-83 所示。

图 3-81　绘制椭圆　图 3-82　绘制直线段　图 3-83　卡通星形图标

3.3.13　光晕工具

使用"光晕工具"可以创建具有明亮的中心、光晕和射线及光环的光晕对象。单击工具箱中的"星形工具"按钮 ，将光标移动到画板中，按住【Alt】键的同时在希望出现光晕中心手柄的位置单击，即可创建光晕，如图 3-84 所示。

将光标移动到其他位置单击，即可完成光晕的绘制，绘制完成的光晕包括中央手柄、末端手柄、射线（为清晰起见显示为黑色）、光晕和光环，如图 3-85 所示。

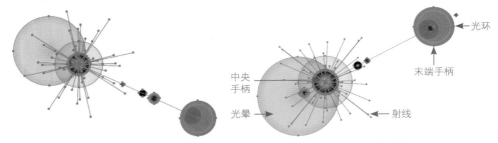

图 3-84　快速创建光晕　　　　　　　　　　　　　图 3-85　光晕组件

使用"光晕工具"在画板上任意位置单击，即可弹出"光晕工具选项"对话框，如图 3-86 所示。输入"居中""光晕""射线"和"环形"的各项参数，单击"确定"按钮，即可创建一个光晕效果。

选中光晕，双击工具箱中的"光晕工具"按钮，打开"光晕工具选项"对话框，可重新设置光晕的各项参数。按【Alt】键，"取消"按钮将变换为"重置"按钮，单击"重置"按钮，即可将光晕参数重置，如图 3-87 所示。

图 3-86　"光晕工具选项"对话框

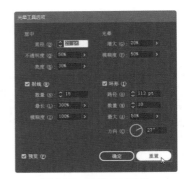

图 3-87　重置光晕参数

选中光晕，选择"对象→扩展"命令，弹出"扩展"对话框，如图 3-88 所示。单击"确定"按钮，将光晕扩展为可以编辑的元素。选择"对象→取消编组"命令，即可对光晕组件进行编辑，如图 3-89 所示。

图 3-88　"扩展"对话框

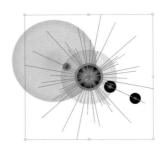

图 3-89　编辑光晕组件

3.4 使用钢笔、曲率和铅笔工具

在 Illustrator 中，用户可以使用"钢笔工具""曲率工具"和"铅笔工具"创建各种自定义路径。

3.4.1 使用钢笔工具绘制

单击工具箱中的"钢笔工具"按钮，将光标置于绘制路径的起点处并单击，确定第一个锚点（不要拖曳），如图 3-90 所示。将光标移动到希望路径结束的位置，再次单击，创建一个锚点，完成一段直线路径的创建，如图 3-91 所示。在创建结束锚点前，按下【Shift】键，可以将路径的角度限制为 45°的倍数。

再次移动光标位置并单击，可以继续创建路径，最后添加的锚点为实心方形，表示已被选中，如图 3-92 所示。当添加更多锚点时，以前定义的锚点将变成空心并被取消选择，如图 3-93 所示。

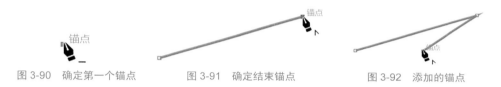

图 3-90　确定第一个锚点　　图 3-91　确定结束锚点　　图 3-92　添加的锚点

将光标置于第一个锚点上，当光标变为状态时，单击即可创建闭合路径，如图 3-94 所示。按住【Ctrl】键并在路径之外的位置单击，即可创建开放路径，如图 3-95 所示。使用其他工具，选择"选择→取消选择"命令或按【Enter】键，也可创建开放路径。

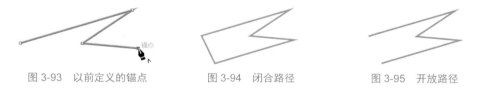

图 3-93　以前定义的锚点　　图 3-94　闭合路径　　图 3-95　开放路径

> **提示**
>
> 使用"钢笔工具"创建锚点时，在不释放鼠标左键的前提下，按住空格键可以移动当前锚点的位置；释放鼠标左键后，按住【Ctrl】键的同时可以拖曳移动路径上的任意锚点位置。

单击工具箱中的"钢笔工具"按钮，将光标移动到绘制曲线路径的起点位置，单击并拖曳，设置曲线路径的斜度，如图 3-96 所示。将光标移动到希望曲线路径结束的位置，按下鼠标左键并拖曳，即可完成曲线路径的创建，如图 3-97 所示。

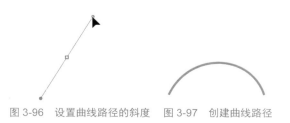

图 3-96　设置曲线路径的斜度　　图 3-97　创建曲线路径

向前一条方向线的相反方向拖曳光标，即可创建 C 形曲线，如图 3-98 所示。向前一条方向线相同的方向拖曳光标，即可创建 S 形曲线，如图 3-99 所示。

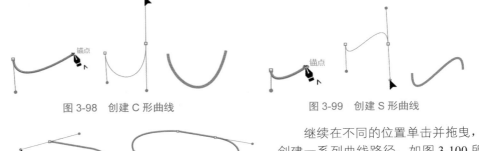

图 3-98　创建 C 形曲线　　　　　　　　图 3-99　创建 S 形曲线

图 3-100　创建曲线路径　　图 3-101　闭合曲线路径

继续在不同的位置单击并拖曳，创建一系列曲线路径，如图 3-100 所示。将光标置于第一个锚点上，当光标变成状态🔖时，单击即可创建闭合的曲线路径，如图 3-101 所示。

3.4.2　使用曲率工具绘制

"曲率工具"可简化路径创建，使绘图变得简单、直观。使用此工具，用户可以创建、切换、编辑、添加或删除平滑点或角点，简单来说就是无须在不同的工具之间来回切换即可快速、准确地处理路径。

单击工具箱中的"曲率工具"按钮🖉或者按【Shift+~】组合键，在画板上连续单击创建两个锚点，橡皮筋预览如图 3-102 所示。将光标置于某一位置，单击即可创建平滑锚点，如图 3-103 所示。双击曲线路径最后一个锚点，光标移动到另一个位置，再次单击，即可创建直线路径，如图 3-104 所示。

图 3-102　查看橡皮筋预览　　　　　图 3-103　创建曲线路径　　　　　图 3-104　创建直线锚点

使用"曲率工具"绘制路径时，按住【Alt】键的同时单击路径，可向路径添加锚点；双击锚点可以使其在平滑点和角点之间切换；拖曳锚点可将其移动；单击选中锚点后按【Delete】键可将其删除；按【Esc】键可停止绘制。

3.4.3　案例操作——使用曲率工具绘制小鸟图形

源文件：源文件 / 第 3 章 / 使用曲率工具绘制小鸟图形
操作视频：视频 / 第 3 章 / 使用曲率工具绘制小鸟图形

Step01 新建一个 Illustrator 文件。使用"矩形工具"在画板上拖曳，绘制一个矩形，如图 3-105 所示。拖曳矩形内角的控制点，将矩形调整为圆角矩形，效果如图 3-106 所示。

Step 02 使用"曲率工具"在画板上依次单击，创建路径效果如图 3-107 所示。将光标与起点重合后单击，完成封闭路径的绘制，效果如图 3-108 所示。

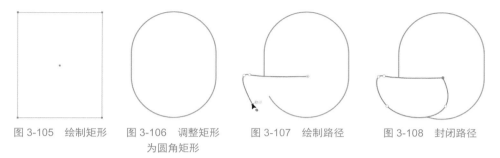

图 3-105　绘制矩形　　图 3-106　调整矩形　　图 3-107　绘制路径　　图 3-108　封闭路径
　　　　　　　　　　　　　为圆角矩形

Step 03 拖曳选中两条路径，单击工具箱中的"形状生成器工具"按钮，将光标移动到绘制的图形上，如图 3-109 所示。按下鼠标左键并拖曳，如图 3-110 所示。完成的图形效果如图 3-111 所示。

Step 04 继续使用"曲率工具"绘制小鸟的翅膀，完成效果如图 3-112 所示。使用"曲率工具"绘制小鸟嘴巴图形，效果如图 3-113 所示。使用"直线段工具"在画板中绘制一条直线段，如图 3-114 所示。

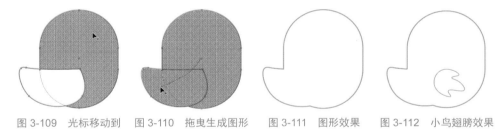

图 3-109　光标移动到　图 3-110　拖曳生成图形　图 3-111　图形效果　图 3-112　小鸟翅膀效果
　　　　　图形上

Step 05 单击工具箱中的"整形工具"按钮，拖曳调整直线，完成小鸟的眼睛，效果如图 3-115 所示。选中小鸟的翅膀，按【Ctrl+C】组合键，再按【Ctrl+V】组合键，缩放调整到合适的位置，完成小鸟图形的绘制，效果如图 3-116 所示。

图 3-113　小鸟嘴巴效果　图 3-114　绘制直线　图 3-115　小鸟眼睛效果　图 3-116　小鸟图形
　　　　　　　　　　　　　　　　　　　　　　　　　　　　　　　　　　　　　的最终效果

3.4.4　使用铅笔工具绘制

"铅笔工具"可用来绘制开放路径和闭合路径，使用此工具就像是用铅笔在纸上绘图一样。这对于快速素描或创建手绘外观非常有用。

单击工具箱中的"铅笔工具"按钮✎或者按【N】键，将光标移动到画板中希望路径开始的位置，按下鼠标左键并拖曳即可绘制路径，如图 3-117 所示。

使用"铅笔工具"绘制时，按住【Shift】键将绘制 0°、45°或 90°的直线路径；按住【Alt】键将绘制不受限制的直线段，如图 3-118 所示。

双击工具箱中的"铅笔工具"按钮，弹出"铅笔工具选项"对话框，如图 3-119 所示。用户可在该对话框中设置相应参数，完成后单击"确定"按钮。

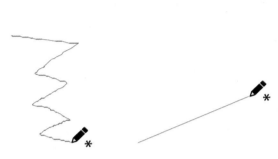

图 3-117　拖曳绘制路径　　　图 3-118　绘制直线路径　　　图 3-119　"铅笔工具选项"对话框

提示

拖曳过程中，一条线将跟随指针进行移动；绘制完成后，锚点出现在路径上。路径采用当前的描边和填色属性，并且默认情况下处于选中状态。

3.5　分割与复合路径

在 Illustrator CC 中绘制复杂图形时，为了获得丰富的图形效果，经常需要对图形进行分割、剪切与复合的操作。Illustrator CC 提供了多种方法帮助用户完成对图形的剪切、分割和复合等操作。

3.5.1　剪切路径

在 Illustrator CC 中，可以使用"剪刀工具""美工刀工具"和"在所选锚点处剪切路径"按钮完成对路径的剪切操作。

1. 剪刀工具

单击工具箱中的"剪刀工具"按钮✂，在想要剪切的路径位置处单击，即可将一条路径分割为两条路径。剪切完成后，可对两条路径进行任意编辑操作，如图 3-120 所示。

如果想要将闭合路径剪切为两个开放路径，使用"剪刀工具"在路径上的两个位置处分别单击才能完成分割，如图 3-121 所示。如果只在闭合路径上的一个位置处单击，将获得一个包含间

图 3-120　剪切开放路径

隙的路径，如图 3-122 所示。

图 3-121　单击两个位置　　　　　　　　　　　图 3-122　单击一个位置

使用"剪刀工具"分割路径的过程中，在路径上单击后，新路径上的端点将与原始路径上的端点重合。默认情况下，新路径上的端点位于原始路径端点的上方。

2. 美术刀工具

单击工具箱中的"美工刀工具"按钮 ，在想要剪切的对象位置处单击并向任意方向拖曳，释放光标后被分割对象上出现裁剪描边，如图 3-123 所示。选中分割后的对象可对其进行任意的编辑操作，如图 3-124 所示。

图 3-123　使用"美工刀工具"裁切路径　　　　　图 3-124　编辑裁切路径

无论是闭合路径还是开放式路径，都可以使用"美工刀工具"完成分割操作，前提是路径必须具有填充色。如果想要切割线段，可以按下【Alt】键的同时拖曳"美工刀工具"。

3. "在所选锚点处剪切路径"按钮

使用"直接选择工具"选择要分割对象路径上的锚点，单击"控制"面板中的"在所选锚点处剪切路径"按钮 ，即可完成分割操作。分割完成后，新锚点将出现在原始锚点的顶部，并会选中一个锚点。

当剪切路径为闭合路径并选中一个锚点时，使用"在所选锚点处剪切路径"按钮完成剪切操作后，将获得 1 个包含间隙的路径，如图 3-125 所示。当剪切路径为闭合路径且选中至少两个锚点时，剪切后可得到不同数量的开放式路径，如图 3-126 所示。

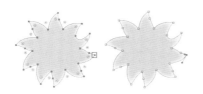

图 3-125　包含间隙的路径　　　　　　　　　　图 3-126　开放式路径

3.5.2　分割下方对象

在 Illustrator CC 中，除了使用"剪刀工具""美工刀工具"和"在所选锚点处剪切路径"按钮，还可以使用"分割下方路径"命令完成对路径的分割操作。

绘制两个图形并将图形位置调整为重叠状态，选中上方的图形对象，如图 3-127 所示。选择"对象→路径→分割下方对象"命令，分割效果如图 3-128 所示。

完成分割操作后，选定的对象切穿下方对象，同时丢弃原来的所选对象。下方对象将会删除与上方对象中的重叠内容，如图 3-129 所示。

图 3-127　选中图形

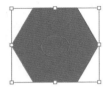
图 3-128　分割效果

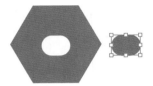
图 3-129　删除重叠内容

3.5.3　分割网格

Illustrator CC 中的"分割为网格"命令允许用户将一个或多个对象分割为多个按行和按列排列的矩形对象。

选中 1 个或多个对象，如图 3-130 所示。选择"对象→路径→分割为网格"命令，弹出"分割为网格"对话框，在该对话框中设置参数，如图 3-131 所示。完成后单击"确定"按钮，得到按规则排列的多个矩形，调整矩形的圆角值，效果如图 3-132 所示。

图 3-130　选中对象

图 3-131　设置参数

图 3-132　多个矩形

> **提示**
>
> 如果用户选择分割多个对象，则分割完成后，按规则排列的多个矩形都将应用分割顶层（排列顺序）对象的外观属性。

3.5.4　创建复合路径

Illustrator CC 中的"复合路径"命令可以将两个或两个以上的开放或闭合路径（必须包含填色）组合到一起。将多个路径定义为复合路径后，复合路径中的重叠部分将被挖空，呈现出孔洞，并且路径中所有对象都将应用堆栈顺序中底层对象的外观属性。

绘制或选中两个或两个以上的开放或闭合路径，将所有对象的摆放位置调整为重叠状态，选择"对象→复合路径→建立"命令或按【Ctrl+8】组合键，如图 3-133 所示。图 3-134 所示为建立复合路径前后的对象效果。

图 3-133　选择命令

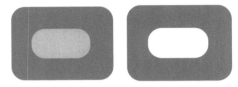

图 3-134　建立复合路径前后的对象效果

　　选中多个对象后右击，在弹出的快捷菜单中选择"建立复合路径"命令，即可对选中对象完成创建复合路径的操作，图 3-135 所示为建立复合路径前后的对象效果。

　　复合路径与编组类似，作用都是将多个路径组合到一起。组合完成后，用户可将复合路径当作编组对象并对其进行操作。例如，使用"直接选择工具"或"编组选择工具"选择复合路径的一部分，再对其进行形状层面的编辑，如图 3-136 所示。但是无法更改选中部分的外观属性、图形样式或效果。

　　由于在"图层"面板中复合路径显示为"复合路径"的整体项，因此，无法在"图层"面板中单独处理某一部分，如图 3-137 所示。

图 3-135　建立复合路径前后的对象效果

图 3-136　编辑形状

图 3-137　"图层"面板中的复合路径

　　如果想要组合的对象包含文本，则需要将其转换为路径，才能创建复合路径。选择文本对象，选择"文字→创建轮廓"命令，将文字转换为路径，如图 3-138 所示。

　　将文字路径和图形全部选中，选择"对象→复合路径→建立"命令，如图 3-139 所示。

图 3-138　文字转换为路径

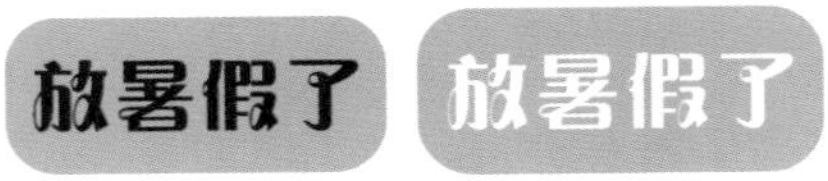

图 3-139　建立复合路径

提示

　　如果想要将复合路径恢复为原始对象，需要选中复合路径，再选择"对象→复合路径→释放"命令或按【Alt+Shift+Ctrl+8】组合键即可。选中复合路径后，单击"属性"面板底部的"释放"按钮，也可以完成释放复合路径的操作。

3.5.5 案例操作——使用复合路径制作色环

源文件：源文件 / 第 3 章 / 使用复合路径制作色环
操作视频：视频 / 第 3 章 / 使用复合路径制作色环

Step01 新建一个 Illustrator 文件。使用"直线段工具"在画板中绘制一条线段，设置描边为绿色；按住【Alt】键的同时使用"旋转工具"单击线段底部，弹出"旋转"对话框，如图 3-140 所示。设置"角度"为 51°，单击"复制"按钮。

Step02 按【Ctrl+D】组合键，复制 5 个线段。任意修改 7 段线段的描边颜色，效果如图 3-141 所示。

Step03 双击工具箱中的"混合工具"按钮 🔧，弹出"混合选项"对话框，设置"间距"为指定的步数（100），如图 3-142 所示。单击"确定"按钮，使用"混合工具"逐一单击线段，如图 3-143 所示。

图 3-140 "旋转"对话框　　　图 3-141 设置描边颜色　　　图 3-142 "混合选项"对话框

Step04 使用"椭圆工具"创建两个圆形后将其选中，选择"对象→复合路径→建立"命令，如图 3-144 所示。拖曳选中复合路径和混合对象，选择"对象→剪切蒙版→建立"命令，即可得到一个色环的图形，如图 3-145 所示。

图 3-143 混合效果　　　图 3-144 创建复合路径　　　图 3-145 色环效果

3.6 创建新形状

在 IllUstrator CC 中，用户可以使用"Shaper 工具"和"形状生成器工具"将已有的多个对象创建为新形状。

3.6.1 Shaper 工具

使用"Shaper 工具"只需绘制和堆积各种形状，再简单地将堆积在一起的形状进行组合、删除或移动，即可创建出复杂而美观的新形状。

1. 使用"Shaper 工具"绘制形状

单击工具箱中的"Shaper 工具"按钮 ✅ 或者按【Shift+N】组合键，在画板上单击并向任意方向拖曳，如图 3-146 所示。释放光标后，用户绘制的线条会转换为标准的几何形状，如图 3-147 所示。

使用"Shaper 工具"能够绘制出线段、矩形、圆形、椭圆、三角形及各种多边形。而且使用"Shaper 工具"绘制的形状都是实时的，也就说是使用"Shaper 工具"绘制的任何形状都是完全可编辑的。图 3-148 所示为利用"Shaper 工具"绘制的形状。

图 3-146　使用"Shaper　　图 3-147　转换为几何形状　　图 3-148　使用"Sharp 工具"绘制的形状
　　　　　工具"绘制

2. 使用"Shaper 工具"创建形状

将多个形状进行重叠摆放，再使用"选择工具"单击画板的空白处，如图 3-149 所示。保持"Shaper 工具"为选中状态，将光标移至重叠形状上方，重叠形状轮廓以黑色虚线显示时，代表重叠形状可以被合并、删除或切除，如图 3-150 所示。

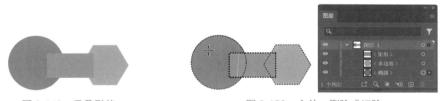

图 3-149　重叠形状　　　　　　　　　图 3-150　合并、删除或切除

使用"Shaper 工具"在需要合并、删除或切除的区域或黑色虚线上单击并拖曳。释放光标后即可得到想要的新形状，新形状在"图层"面板中显示为 Shaper Group，如图 3-151 所示。

使用"Shaper 工具"创建新形状时，如果涂抹是在一个单独的形状内进行的，那么该形状区域会被切除，如图 3-152 所示。如果涂抹是在两个或更多形状的相交区域之间进行的，则相交区域会被切除，如图 3-153 所示。

图 3-151　得到新形状　　　　　图 3-152　切除单独形状　图 3-153　切除相交区域

使用"Shaper 工具"从顶层形状的非重叠区域涂抹到重叠区域，顶层形状将被切除，如图 3-154 所示；而使用"Shaper 工具"从顶层形状的重叠区域涂抹到非重叠区

域，形状将被合并，且合并区域的填色调整为涂抹原点的颜色，如图 3-155 所示。

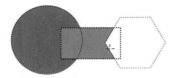 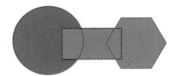

图 3-154　切除顶层形状　　　　　　　　　　　图 3-155　合并顶层形状

3.6.2　形状生成器工具

"形状生成器工具"是一个通过合并或擦除简单形状从而创建复杂形状的交互式工具。因此，利用该工具可以很好地完成简单复合路径的创建。

1. 形状生成器工具

选中两个或两个以上的重叠对象，单击工具箱中的"形状生成器工具"按钮，将光标移至所选对象上，可合并为新形状的选区将高亮显示，如图 3-156 所示。所选对象中拥有多个可合并的选区，光标位于哪个选区，该区域就单独高亮显示。默认情况下，该工具处于合并模式，光标显示为 ▶+ 状态，此时允许用户合并路径或选区，如图 3-157 所示。

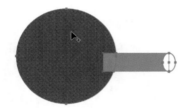 

图 3-156　高亮显示　　　　　　　　　　　图 3-157　合并路径或选区

使用"形状生成器工具"创建新形状时，按住【Alt】键不放可将工具切换到抹除模式，此时光标显示为 ▶- 状态，同时允许用户删除多余的路径或选区，如图 3-158 所示。

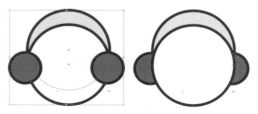

图 3-158　删除路径或选区

2. 形状生成器工具

创建形状或使用"选择工具"选中多个对象，如图 3-159 所示。单击工具箱中的"形状生成器工具"按钮 或按【Shift+M】组合键，确定想要合并的选区并沿选区拖曳，释放光标后选区将合并为一个新形状，如图 3-160 所示。

创建形状或使用"选择工具"选中多个对象，如图 3-161 所示。使用"形状生成器工具"的同时按住【Alt】键不放，将"形状生成器工具"切换到抹除模式。在抹除模式下，沿想要删除的选区拖曳并释放光标，即可删除光标经过的选区，如图 3-162 所示。

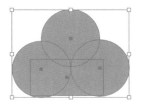

图 3-159　创建或选中对象

图 3-160　合并选区

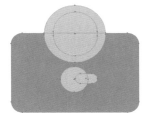

图 3-161　创建或选中对象

图 3-162　删除光标经过的选区

在抹除模式下，如果想要删除的多个选区在对象中的位置不相邻，使用"形状生成器工具"逐一单击不相邻的闭合选区，即可将其删除，如图 3-163 所示。使用"形状生成器工具"可以使多个对象创建为独立的新形状，如图 3-164 所示。

图 3-163　删除选区

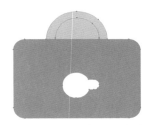

图 3-164　使用"形状生成器工具"创建新形状

3.7　本章小结

本章主要讲解了 Illustrator CC 的基本绘图功能。主要讲解了矢量绘图的基本结构，以及绘图模式、基本绘图工具、钢笔工具、曲率和铅笔工具的使用，并讲解了分割与复合路径等编辑路径的方法。通过本章的学习，读者可以掌握使用 Illustrator CC 绘图的方法和技巧。

第 4 章
对象的变换操作

本章将对 Illustrator CC 中对象的一些高级操作进行更深层的讲解，包括变换对象、复制和删除对象、蒙版、使用封套扭曲变形对象、路径查找器、图层和创建新形状等功能。

本章知识点

（1）掌握变换对象的方法。
（2）掌握复制和删除对象的方法。
（3）掌握使用蒙版的方法。
（4）掌握使用封套扭曲变形对象的方法。
（5）掌握混合对象的方法。
（6）掌握使用"路径查找器"面板的方法。
（7）掌握使用图层的方法。

4.1 变换对象

变换对象是指对对象进行移动、旋转、镜像、缩放和倾斜等操作。可以使用"变换"面板、"对象→变换"命令及专用工具来变换对象。还可以通过拖动选区的定界框来完成变换多种类型的操作。

4.1.1 选择和移动对象

要想修改某个对象，必须先将其与周围的对象区分开来。当用户选择某个对象时，即可将其与其他对象区分开来。同时，只要选择了对象或者对象的一部分，即可对其进行编辑。

1. 选择对象

单击工具箱中的"选择工具"按钮 ▷，单击画板中的对象即可将其选中，被选中对象的四周将出现一个定界框，如图 4-1 所示。按住【Shift】键的同时依次单击多个对象，可将这些对象同时选中，如图 4-2 所示。

按下鼠标左键不放，使用"选择工具"在画板中拖曳，创建一个如图 4-3 所示的选框。选框内的对象都将被选中，如图 4-4 所示。

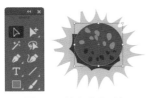

图 4-1 单击选中对象　　　　图 4-2 选中多个对象　　　　图 4-3 创建选框

单击工具箱中的"编组选择工具"按钮 ，如图 4-5 所示。将光标移动到编组对象上，单击即可选中组中的单个对象、多个组中的单个组，如图 4-6 所示。每多单击一次，就会添加层次结构内下一组中的所有对象。

图 4-4 选中对象　　　图 4-5 单击"编组选择工具"按钮　　　图 4-6 选中组中的单个对象

2. 移动对象

使用"选择工具"选中对象后，按下鼠标左键并拖曳，即可实现移动对象的操作。可以使用键盘上的方向键移动对象位置，也可以在"控制"面板的 X 和 Y 文本框中输入数值，精确移动对象的位置，如图 4-7 所示。

图 4-7 精确移动对象的位置

提示

按一次方向键，对象将向对应的方向移动一个单位。按住【Shift】键的同时使用方向键，将一次向对应的方向移动 10 个单位。

按住【Shift】键的同时移动对象时，可以限制选中对象在垂直或者水平的方向上移动。在对象上右击，在弹出的快捷菜单中选择"变换→移动"命令或者按【Shift+Ctrl+M】组合键，如图 4-8 所示，弹出"移动"对话框，如图 4-9 所示。用户可以在对话框中设置相应参数，完成后单击"确定"按钮。

图 4-8 选择"移动"命令　　　　　　图 4-9 "移动"对话框

选择"对象→变换→移动"命令或双击工具箱中的"选择工具"按钮，也可以打开"移动"对话框。

4.1.2 缩放和旋转对象

选中对象后，对象四周出现一个有 8 个控制点的矩形定界框。用户可以通过调整定界框，实现对对象的缩放和旋转操作。

1. 缩放对象

当"选择工具"处于激活状态时，将光标移动到对象定界框 4 个边角的任意一个控制点上，光标显示为 ↗ 状态，按下鼠标左键并拖曳，即可完成放大或缩小对象的操作，在光标右侧显示缩放对象的宽度和高度，如图 4-10 所示。

将光标移动到对象垂直定界框中间的任意一个控制点上，光标显示为 ←I→ 状态，按下鼠标左键并向左或右侧拖曳，即可沿水平方向放大或缩小对象，如图 4-11 所示。将光标移动到对象水平定界框中间的任意一个控制点上，光标显示为 ↕ 状态，按下鼠标左键并向上或下侧拖曳，即可沿垂直方向放大或缩小对象，如图 4-12 所示。

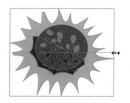

图 4-10 缩放对象   图 4-11 水平方向放大或缩小对象   图 4-12 垂直方向放大或缩小对象

按住【Shift】键的同时缩放对象，缩放对象保持原始比例；按住【Alt】键的同时缩放对象，可实现以对象中心点为中心的缩放操作。按【Shift+Alt】组合键的同时缩放对象，可实现以对象中心点为中心等比例缩放对象的操作。

在对象上右击，弹出快捷菜单，选择"变换→缩放"命令，如图 4-13 所示。弹出"比例缩放"对话框，如图 4-14 所示，在对话框中设置参数后单击"确定"按钮。

图 4-13 选择"缩放"选项   图 4-14 "比例缩放"对话框

提示

选择"对象→变换→缩放"命令或双击工具箱中的"比例缩放工具"按钮 🔲，都可以打开"比例缩放"对话框。

使用"比例缩放工具"在选中对象上单击并拖曳，可以实现缩放对象的操作，如图 4-15 所示。按住【Alt】键的同时在画板上单击，可将缩放中心的位置调整到单击处并弹出"比例缩放"对话框，如图 4-16 所示。

图 4-15　使用"比例缩放
　　　　　工具"缩放对象

图 4-16　调整缩放中心点

2. 旋转对象

将光标置于对象定界框 4 个边角的任意一个控制点附近，当光标为↰状态时，按下鼠标左键并拖曳，即可实现旋转对象的操作，光标右侧显示对象的旋转角度，如图 4-17 所示。

在对象上右击，在弹出的快捷菜单中选择"变换→旋转"命令，弹出"旋转"对话框，如图 4-18 所示。在"角度"文本框中输入旋转角度后，单击"确定"按钮，即可完成旋转对象操作。输入负角度可顺时针旋转对象，输入正角度可逆时针旋转对象。单击"复制"按钮，将旋转对象的副本。

图 4-17　旋转对象

图 4-18　"旋转"对话框

单击工具箱中的"旋转工具"按钮◐，在对象上单击并拖曳，即能实现旋转对象的操作，如图 4-19 所示。

默认情况下，以对象中心点为中心旋转。按住【Alt】键并在想要作为旋转中心点的位置处单击，即可将单击的位置设置为旋转中心点；同时会弹出"旋转"对话框，如图 4-20 所示。用户可以根据自己的想法设置参数，完成后单击"复制""确定"或"取消"按钮。

图 4-19　旋转对象

图 4-20　更改旋转中心点

4.1.3　镜像、倾斜和扭曲对象

在 Illustrator 中，用户可以对对象进行镜像和倾斜操作，以实现更丰富的绘制效果。

1. 镜像对象

选中对象后右击，在弹出的快捷菜单中选择"变换→镜像"命令，弹出"镜像"对话框，如图 4-21 所示。用户可以在对话框中设置相应参数，单击"确定"按钮，即可将对象沿设置好的轴镜像，如图 4-22 所示；单击"复制"按钮，将沿设置的轴复制一个对象副本，如图 4-23 所示。

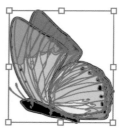

图 4-21　"镜像"对话框　　　　图 4-22　镜像对象　　　　图 4-23　复制对象

单击工具箱中的"镜像工具"按钮 ▷◁，将光标置于任意位置处并单击，即可重新设置镜像中心点的位置，如图 4-24 所示。再按下鼠标左键并拖曳，即可实现对象在任意角度上的镜像，如图 4-25 所示。

图 4-24　重新设置中心点　　图 4-25　拖曳镜像对象

按住【Alt】键的同时在想要作为镜像轴的位置处单击，即可将单击的位置设置为镜像轴，如图 4-26 所示。重新设置镜像轴时会弹出"镜像"对话框，设置参数如图 4-27 所示。单击"复制"按钮，即可完成镜像复制对象的操作，如图 4-28 所示。

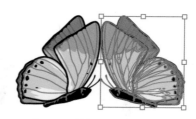

图 4-26　设置镜像轴　　　　图 4-27　设置参数　　　　图 4-28　镜像复制对象的效果

2. 倾斜对象

在"倾斜"对话框中输入一个 −359~359 的角度值，单击"确定"按钮，即可完成倾斜对象的操作，如图 4-29 所示；单击"复制"按钮，可以得到一个倾斜的对象副本，如图 4-30 所示。

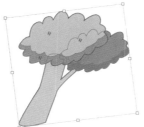

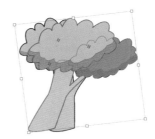

图 4-29　倾斜对象 　　　　　　　　　　　图 4-30　复制的倾斜对象副本

单击工具箱中的"倾斜工具"按钮，将光标置于任意位置处，单击即可重新设置倾斜参考点的位置，如图 4-31 所示。再按下鼠标左键并拖曳，即可实现对象在任意角度上的倾斜，如图 4-32 所示。

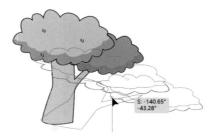

图 4-31　重新设置倾斜参考点 　　　　　　图 4-32　对象倾斜效果

按住【Alt】键的同时，在画板上想要作为倾斜参考点的位置单击，即可将单击的位置设置为倾斜参考点，同时弹出"倾斜"对话框。用户可在该对话框中设置相应参数，单击"确定"或"复制"按钮，完成倾斜操作。

3. 扭曲对象

选中要扭曲的对象，单击工具箱中的"自由变换工具"按钮，将弹出如图 4-33 所示的工具面板。

当"自由变换"按钮为选中状态时，将光标置于定界框四周的顶点上且光标显示为、或状态，拖曳鼠标的同时按住【Ctrl】键，即可进行扭曲对象的操作，如图 4-34 所示。扭曲效果如图 4-35 所示。

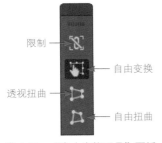

图 4-33　"自由变换工具"面板 　　图 4-34　扭曲对象 　　　图 4-35　扭曲效果

图 4-36　透视扭曲操作　　图 4-37　透视扭曲效果

在缩放对象时，按【Ctrl+Shift+Alt】组合键，即可进行透视扭曲对象的操作，如图 4-36 所示。透视扭曲效果如图 4-37 所示。

4.1.4　使用"变换"面板

选择"窗口→变换"命令，或者按【Shift+F8】组合键，都可以打开"变换"面板，如图 4-38 所示。该面板中显示有关一个或多个选中对象的位置、大小和方向的信息。

通过在文本框中输入数值，可以修改选中对象的各种信息，还可以更改变换参考点，以及锁定对象比例。单击"面板菜单"按钮 ，将弹出一个下拉菜单，如图 4-39 所示。

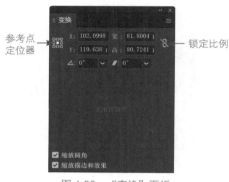

图 4-38　"变换"面板

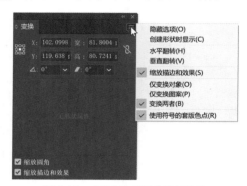

图 4-39　"变换"面板的面板菜单

用户可以单击"控制"面板上的"变换"按钮，如图 4-40 所示。在打开的下拉变换面板中设置对象的变换数值，如图 4-41 所示。

图 4-40　"变换"按钮

图 4-41　下拉变换面板

4.1.5　分别变换对象

如果想对一个对象同时选择多种变换操作或想分别变换多个对象，应选中一个对象或多个对象后并右击，在弹出的快捷菜单中选择"对象→变换→分别变换"命令或按【Alt+Shift+Ctrl+D】组合键，如图 4-42 所示。弹出"分别变换"对话框，如图 4-43 所示。

> **提示**
>
> 选择"对象→变换→分别变换"命令，也可以打开"分别变换"对话框，用户可以在该对话框中完成缩放对象、移动对象和旋转对象等操作。

图 4-42　"分别变换"命令

图 4-43　"分别变换"对话框

4.1.6　案例操作——绘制星形彩带图形

源文件：源文件 / 第 4 章 / 绘制星形彩带图形
操作视频：视频 / 第 4 章 / 绘制星形彩带图形

Step 01 新建一个 Illustrator 文件。
使用"星形工具"在画板中绘制一个填
色为"无"的等五角星，如图 4-44 所
示。选择"窗口→色板库→渐变→色
谱"命令，打开"色谱"面板，为星形
的描边指定"色谱"色板，如图 4-45
所示。

图 4-44　绘制五角星

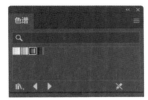

图 4-45　打开"色谱"面板

Step 02 使用"直接选择工具"拖曳调整星形为圆角星形，继续使用"直接选择工
具"选择星形右上角的路径并删除，如图 4-46 所示。

Step 03 右击，在弹出的快捷菜单中选择"变换→分别变换"命令，弹出"分别变换"
对话框，设置"角度"为 18°，如图 4-47 所示。单击"复制"按钮，效果如图 4-48 所示。

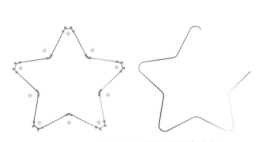

图 4-46　调整星形为圆角并删除路径

图 4-47　"分别变换"对话框

Step04 双击工具箱中的"混合工具"按钮，弹出"混合选项"对话框，设置参数如图 4-49 所示。单击"确定"按钮，使用"混合工具"依次单击两条路径，效果如图 4-50 所示。

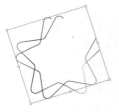
图 4-48　复制效果

图 4-49　"混合选项"对话框

图 4-50　图形效果

4.2　复制和删除对象

在 Illustrator 中，用户可以通过复制和粘贴命令快速完成多个相同对象的绘制。通过剪切和清除命令，删除不需要的对象。

4.2.1　复制和粘贴对象

选中想要复制的对象，选择"编辑→复制"命令或按【Ctrl+C】组合键，如图 4-51 所示，可将所选对象复制到剪贴板中。选择"编辑→粘贴"命令或者按【Ctrl+V】组合键，如图 4-52 所示，即可将剪贴板中的对象粘贴到画板中。

选中想要复制的对象，按住【Alt】键不放的同时使用"选择工具"向任意方向拖曳，如图 4-53 所示。释放光标后即可完成快速复制对象的操作。

图 4-51　"复制"命令　　　图 4-52　"粘贴"命令

图 4-53　拖曳复制对象

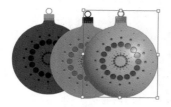
图 4-54　贴在前面

选择"编辑→贴在前面"命令或者按【Ctrl+F】组合键，可将复制对象粘贴在当前画板中所有对象的最上层，如图 4-54 所示。选择"编辑→贴在后面"命令或者按【Ctrl+B】组合键，可将复制对象粘贴在当前画板中所有对象的最下层，如图 4-55 所示。

默认情况下，选择"编辑→粘贴"命令，可将剪贴板中的对象粘贴到当前窗口的中心位置。选择"编辑→就地粘贴"命令或者按【Shift+Ctrl+V】组合键，可将剪贴板中的对象粘贴到其原始位置的前面，如图 4-56 所示。

当一个文件中同时包含多个画板时，选择"编辑→在所有画板上粘贴"命令，如图 4-57 所示，可将对象一次性粘贴到文件的所有画板中。

图 4-55　贴在后面　　　　　图 4-56　"就地粘贴"命令　　　　图 4-57　"在所有画板上粘贴"命令

4.2.2　剪切和清除对象

"复制"命令是将原图像中选中的部分复制到剪贴板中，并不会影响原图。如果想要在复制选中的对象后，将其从原图中删除，可以选择"剪切"命令。

选中要剪切的对象，选择"编辑→剪切"命令或者按【Ctrl+X】组合键，即可将对象剪切到剪贴板中，如图 4-58 所示。接下来可以通过粘贴操作，将剪切的对象粘贴到其他文档中。

选中想要删除的对象，选择"编辑→清除"命令或者按【Delete】键，即可将选中的对象删除，如图 4-59 所示。

图 4-58　"剪切"命令

如果要清除一个图层或多个图层内的所有对象，可以在"图层"面板中选择这些图层，单击右下角的"删除所选图层"按钮 🗑，如图 4-60 所示，在弹出的"Adobe Illustrator"对话框中单击"是"按钮，即可删除当前图层及图层上的所有对象，如图 4-61 所示。

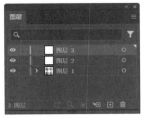

图 4-59　"清除"命令　　　图 4-60　单击"删除所选图层"按钮　　　图 4-61　单击"是"按钮

4.3　使用蒙版

蒙版是指用于遮挡其形状以外的图形，蒙版效果可以控制对象在视图中的显示范围，因此，被蒙版对象只有在蒙版形状以内的部分才能打印和显示。在 Illustrator CC 中，只有一种蒙版类型，即剪切蒙版。

4.3.1 创建剪贴蒙版

用户可以通过"剪切蒙版"功能遮盖不需要的多余图形，即在创建剪切蒙版后，只能看到位于蒙版形状内的部分对象。从效果上来说，就是将显示图形剪切为蒙版形状。

在 Illustrator CC 中，剪切蒙版和被遮盖的对象称为剪切组合，在"图层"面板中显示为＜剪切组＞，如图 4-62 所示。只有矢量对象才可被用作剪切蒙版，但是任何图形都可以作为被遮盖对象。

1. 剪切蒙版

选中作为剪切蒙版的路径和被遮盖的对象或图形，如图 4-63 所示。选择"对象→剪切蒙版→建立"命令或按【Ctrl+7】组合键，即可创建剪切蒙版，如图 4-64 所示。也可以在选中对象或图形后，右击，在弹出的快捷菜单中选择"建立剪贴蒙版"命令，完成创建剪贴蒙版的操作。

图 4-62　"图层"面板中的剪贴组　　　图 4-63　选中对象或图形　　　图 4-64　建立剪贴蒙版

> **提示**
>
> 当被遮罩的图形对象为矢量图形时，应提前进行编组操作。

2. 内部绘图

Illustrator CC 为用户提供了 3 种绘图模式，分别是正常绘图、背面绘图和内部绘图。其中，内部绘图模式的功能与剪贴蒙版的功能非常相似。

在"内部绘图"模式下，用户只可以在所选对象的内部绘图，并且当用户选择单一路径、混合路径或文本时，"内部绘图"模式才会启用。

如果想要使用"内部绘图"模式创建剪切蒙版，首先需要选中路径用以在其中绘制，再单击工具箱底部的"内部绘图"模式按钮█或按【Shift+D】组合键，切换到"内部绘图"模式，此时选中的路径如图 4-65 所示。

在"内部绘图"模式下，所选路径将剪切后续绘制的路径，如图 4-66 所示。再次将绘图模式切换为"正常绘图"模式后，剪切停止。

图 4-65　切换到　　　图 4-66　剪切路径
"内部绘图"模式

4.3.2　释放剪贴蒙版

如果想要从剪切蒙版中释放对象，需要选中包含释放对象的剪切蒙版，选择"对象→剪切蒙版→释放"命令或按【Alt+Ctrl+7】组合键，如图 4-67 所示，命令完成后即可释放剪切蒙版。

选中剪切蒙版后，右击，在弹出的快捷菜单中选择"释放剪切蒙版"命令，如图 4-68 所示，也可以完成释放剪切蒙版的操作。

图 4-67　选择命令

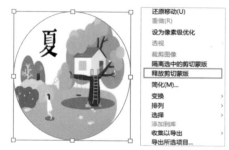

图 4-68　"释放剪切蒙版"命令

4.4　使用封套扭曲变形对象

由于所选图形可以按照封套的形状而变形，因而封套扭曲成为 Illustrator CC 中最灵活的变形功能。所选对象根据哪个对象进行扭曲，该对象被称为封套，被扭曲的对象则是封套内容。应用了封套扭曲之后，还可以继续编辑封套的形状和封套的内容，或者删除或扩展封套。

4.4.1　创建封套

封套扭曲变形是指将选择的图形放置到某一个形状中，或者使用系统提供的各种扭曲变形效果，再依照形状外观或设定的扭曲效果进行变形。封套扭曲变形可以应用在 Illustrator CC 中的大部分对象上，包括符号、渐变网格、文字和以嵌入方式置入的图像等。

选择"对象→封套扭曲"命令，弹出如图 4-69 所示的子菜单，这个子菜单包含 3 种封套扭曲变形的创建方式。

图 4-69　子菜单

1. 用变形建立

绘制或选择一个对象，选择"对象→封套扭曲→用变形建立"命令或按【Alt+Shift+Ctrl+W】组合键，弹出"变形选项"对话框，如图 4-70 所示。在该对话框中设置各项参数，单击"确定"按钮，即可完成扭曲变形操作，如图 4-71 所示。

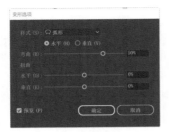 

图 4-70 "变形选项"对话框   图 4-71 变形效果

提示

　　如果用户想要在设置参数的过程中查看变形效果，可以选中"变形选项"对话框中的"预览"复选框，这样选中对象会按照当前参数的显示扭曲变形效果。

2. 用网格建立

　　使用"用网格建立"命令将直接在所选对象上建立封套网格，此时，用户可通过自由调整封套网格上的锚点来完成扭曲变形操作。相对于"用变形建立"命令中预设好的各种扭曲样式，此封套扭曲变形方式更加自由和灵活。

　　绘制或选择一个对象，选择"对象→封套扭曲→用网格建立"命令或按【Alt+Ctrl+M】组合键，弹出"封套网格"对话框，如图 4-72 所示。在该对话框中为封套网格设置参数，单击"确定"按钮，所选对象上建立起设定好的封套网格，如图 4-73 所示。

　　建立封套网格后，用户可以使用"直接选择工具"和"网格工具"对封套网格上的锚点或方向线进行调整；也可以为封套网格添加锚点；还可以删除封套网格上的锚点。调整锚点或方向线后，对象会随封套网格的改变而改变，如图 4-74 所示。

图 4-72 "封套网格"对话框   图 4-73 封套网格   图 4-74 调整锚点或方向线

3. 用顶层对象建立

　　为了使用户充分发挥个人想象力，从而得到自己想要的变形效果，Illustrator CC 为用户提供了一种预设变形与网格变形相结合的封套扭曲建立方式。

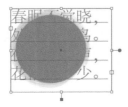 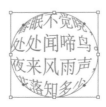

图 4-75 选中对象和路径   图 4-76 变形效果

　　在想要变形的对象上绘制任意外观的路径，使用"选择工具"同时选中对象和路径，如图 4-75 所示。选择"对象→封套扭曲→用顶层对象建立"命令或按【Alt+Ctrl+C】组合键，被封套变形的对象就会按照绘制的路径轮廓进行变形，如图 4-76 所示。

4.4.2　编辑封套

为对象应用封套扭曲变形后，用户仍然可以对封套的外形和被封套对象进行编辑，从而获得更满意的变形效果。

1. 编辑封套外形

对象应用封套扭曲变形后，如果还想二次编辑封套的外形，可以使用"直接选择工具"和"网格工具"完成操作。

使用"直接选择工具"完成编辑操作，需要单击封套外形，将其选中，才能开始编辑操作。使用"网格工具"完成编辑操作时，直接将光标移至封套外形上，显示网格后即可对封套外形进行编辑，如图 4-77 所示。编辑完成后封套效果会随之改变，如图 4-78 所示。

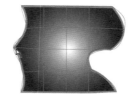 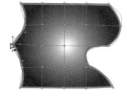

图 4-77　显示网格　　　图 4-78　二次编辑的变形效果

2. 编辑封套内容

完成封套变形后的对象将自动与封套组合在一起。直接选择变形后的对象，只能看到封套外形路径，此时被封套对象的路径处于隐藏状态。

如果想要编辑被封套对象，选择"对象→封套扭曲→编辑内容"命令，被封套对象转为可见状态，封套外形则被隐藏，如图 4-79 所示。编辑被封套对象，完成后选择"对象→封套扭曲→编辑封套"命令，如图 4-80 所示，回到显示封套外形的状态。

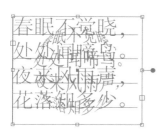 

图 4-79　显示被封套对象的路径　　　　图 4-80　"编辑封套"命令

> **提示**
>
> 当被封套对象为可见状态时，选择"对象→封套扭曲"命令，其子命令列表才会出现"编辑封套"选项。

3. 扩展封套变形

如果想要删除封套外形并且想要保留封套变形的效果，选择"对象→封套扭曲→扩展"命令即可，如图 4-81 所示。完成后封套变形的效果将会应用到对象上，而封套外形将会被删除，如图 4-82 所示。

4. 释放封套变形

如果想要删除封套，选择"对象→封套扭曲→释放"命令，如图 4-83 所示。被封套对象恢复到封套变形前的效果，而封套外形将以灰色的路径或网格形式出现在画板中，如图 4-84 所示。

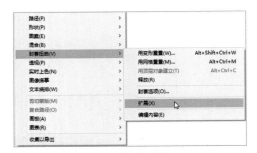

图 4-81 选择"扩展"命令

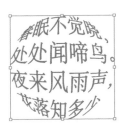

图 4-82 扩展封套变形

图 4-83 选择"释放"命令

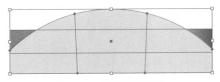

图 4-84 释放封套变形

4.5 混合对象

在 Illustrator CC 中，用户可以通过混合对象的操作达到创建复杂图形的目的。混合对象是指在两个或两个以上的对象之间平均分布形状、创建平滑的过渡或创建颜色过渡，最终组合颜色和对象，从而形成新的图形。

4.5.1 创建混合

用户可以通过"混合工具"或者"混合→建立"命令完成混合对象的创建，其本质是在选中的两个或多个对象之间添加一系列的中间对象或颜色。

1. 使用"混合工具"

单击工具箱中的"混合工具"按钮 ![icon]，光标变为 ![icon] 状态。将光标置于第一个对象上，当光标变为 ![icon] 状态时单击对象的填色或描边，如图 4-85 所示。将光标置于第二个对象上，当光标变为 ![icon] 状态时单击对象的填色或描边，完成混合对象的创建，如图 4-86 所示。

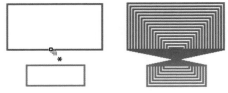

图 4-85 单击对象的 图 4-86 创建混合对象
        填色或描边

将光标移动到对象的某个锚点上，当光标变为 ![icon] 状态时，单击该锚点，如图 4-87 所示。再将光标移至下一个对象的相应锚点上，当光标变为状态 ![icon] 时，单击该锚点，创建一个不包含旋转并且按顺序混合的对象，如图 4-88 所示。

　　将光标移至下一个对象后，当光标变为 ▰﹢ 状态时单击对象的填充或描边，可以创建包含旋转的混合对象，如图 4-89 所示。

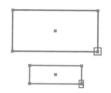

图 4-87　单击锚点

图 4-88　不包含旋转的混合对象

图 4-89　包含旋转的混合对象

2. 使用"混合"命令

　　使用"选择工具"选中两个或两个以上的对象，如图 4-90 所示。选择"对象→混合→建立"命令或者按【Alt+Ctrl+B】组合键，释放光标后即可完成混合对象的创建，效果如图 4-91 所示。

图 4-90　选中对象

图 4-91　混合对象的效果

提示

　　默认情况下，Illustrator CC 会为创建的混合对象计算出所需的最适宜的步骤数。如果要控制步骤数或步骤之间的距离，可以设置混合选项。

4.5.2　混合选项

　　双击工具箱中的"混合工具"按钮或者选择"对象→混合→混合选项"命令，将弹出"混合选项"对话框。

　　选中混合对象后，单击"属性"面板中"快速操作"选项组下方的"混合选项"按钮，也会弹出"混合选项"对话框，如图 4-92 所示。用户可以在该对话框中设置混合选项，单击"确定"按钮，完成修改操作。

图 4-92　"混合选项"对话框

4.5.3　更改混合对象的轴

　　混合轴是创建混合对象时，各步骤对齐的依据。默认情况下，混合轴在形成之处是一条直线路径，如图 4-93 所示。

　　使用"直接选择工具"拖曳调整混合轴上锚点的位置，或者使用"锚点工具"拖曳调整混合轴的曲率，即可改变混合轴的形状，混合对象的排列方式也随之改变，如图 4-94 所示。

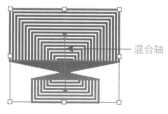

混合轴

图 4-93　混合轴

使用任意绘图工具绘制一个对象，作为新的混合轴，如图 4-95 所示。同时选中混合轴对象和混合对象，如图 4-96 所示。选择"对象→混合→替换混合轴"命令，即可使用新的路径替换混合对象中的原始混合轴，混合对象中的排列方式也随之改变，效果如图 4-97 所示。

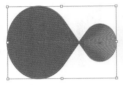

图 4-94　调整混合轴的形状　　　　　　　　　　　　图 4-95　绘制对象

使用"选择工具"选中混合对象，选择"对象→混合→反向混合轴"命令，即可反向混合轴上的排列顺序，如图 4-98 所示。

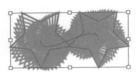
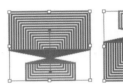

图 4-96　选中对象　　　　　图 4-97　替换混合轴　　　　图 4-98　选择"反向混合轴"命令

4.5.4　案例操作——制作混合轴文字效果

源文件：源文件 / 第 4 章 / 制作混合轴文字效果
操作视频：视频 / 第 4 章 / 制作混合轴文字效果

Step 01 新建一个 Illustrator 文件。使用"文字工具"在画板中单击并输入文字，继续使用相同的方法创建文本，效果如图 4-99 所示。

Step 02 拖曳选中两个文本，选择"文字→创建轮廓"命令，设置图像填充色为"无"，描边色分别为洋红色和黄色，如图 4-100 所示。双击工具箱中的"混合工具"按钮，弹出"混合选项"对话框，设置参数如图 4-101 所示，单击"确定"按钮。

图 4-99　创建文本　　　　图 4-100　设置描边色　　　　图 4-101　设置参数

Step 03 选中两个图形，按【Alt+Ctrl+B】组合键创建混合，效果如图 4-102 所示。单击工具箱中的"曲率工具"按钮，在画板中绘制一条路径，如图 4-103 所示。

Step 04 拖曳选中混合对象和路径，选择"对象→混合→替换混合轴"命令，效果如图 4-104 所示。

图 4-102　混合效果

图 4-103　绘制路径

图 4-104　替换混合轴效果

4.5.5　反向堆叠混合对象

使用"选择工具"选中混合对象，如图 4-105 所示。选择"对象→混合→反向堆叠"命令，混合对象的堆叠内容被从左到右或从前到后调换顺序，效果如图 4-106 所示。

图 4-105　选中混合对象

图 4-106　混合对象效果

4.5.6　案例操作——绘制盛开的牡丹花

源文件：源文件 / 第 4 章 / 绘制盛开的牡丹花
操作视频：视频 / 第 4 章 / 绘制盛开的牡丹花

Step 01 新建一个 Illustrator 文件。单击工具箱中的"星形工具"按钮，使用"星形工具"在画板中单击，弹出"星形"对话框，设置参数如图 4-107 所示。

Step 02 单击"确定"按钮，双击工具箱中的"渐变工具"按钮，弹出"渐变"面板，设置径向渐变的参数，创建的图形效果如图 4-108 所示。

图 4-107　设置参数

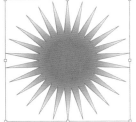

图 4-108　创建图形

Step03 按住【Alt】键不放，使用"选择工具"将图形向任意方向拖曳，复制图形，完成后等比例缩放图形并调整图形的渐变颜色，如图 4-109 所示。

Step04 使用"选择工具"拖曳选中两个图形，单击"控制"面板中的"水平居中对齐"和"垂直居中对齐"按钮，效果如图 4-110 所示。

图 4-109　复制图形　　　　　　　　　　　　　　　　　图 4-110　调整图形位置

Step05 选择"对象→混合→建立"命令，创建的混合对象如图 4-111 所示。选择"效果→扭曲和变换→扭拧"命令，弹出"扭拧"对话框，设置参数如图 4-112 所示。单击"确定"按钮，图形效果如图 4-113 所示。

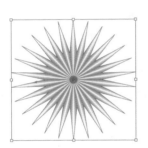

图 4-111　创建混合对象　　　　　　图 4-112　设置参数　　　　　　图 4-113　图形效果

4.6　使用"路径查找器"面板

在绘制复杂的图形时，经常需要对多个对象进行裁剪和合并等操作，或者利用图形的重叠部分创建新的图形，从而快速创建出各种复杂图形。使用"路径查找器"面板可以轻松实现各种组合操作，这将大大提高用户制作复杂图形的速度。

4.6.1　了解"路径查找器"面板

选择"窗口→路径查找器"命令或按【Shift+Ctrl+F9】组合键，打开"路径查找器"面板，如图 4-114 所示。系统根据不同的作用和功能，将面板上的按钮分为"形状模式"和"路径查找器"两个选项组。必须先选中两个或两个以上的对象，"路径查找器"面板中的按钮才能起到作用，否则将弹出警告框，如图 4-115 所示。

图 4-114　"路径查找器"面板

图 4-115　警告框

1. 形状模式

使用"形状模式"选项组中的按钮可将两个或多个路径对象组合在一起，这些按钮可以将一些简单的图形组合成新的复杂图形。

选中两个或两个以上的对象，单击"联集"按钮■，可以将所选对象合并为一个新的图形，如图 4-116 所示；单击"减去顶层"按钮■，可以使下方对象按照顶层对象的形状进行裁剪，保留不重叠部分的同时删除相交部分，新图形如图 4-117 所示。

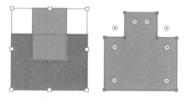

图 4-116　"联集"效果

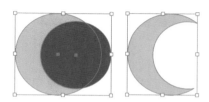

图 4-117　"减去顶层"效果

选中两个或两个以上的对象，单击"交集"按钮■，所选对象只保留对象之间的重叠部分，未重叠部分将被删除，如图 4-118 所示；单击"差集"按钮■，将删除选中对象之间的重叠部分，而未重叠部分将被保留，如图 4-119 所示。

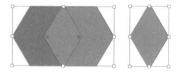

图 4-118　"交集"效果

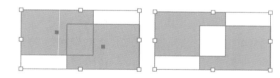

图 4-119　"差集"效果

选中两个对象并按住【Alt】键不放，如图 4-120 所示。单击"路径查找器"面板中"形状模式"选项组下的任意按钮，组合完成的新图形将保留原始路径，如图 4-121 所示。并且在"图层"面板中显示为"复合形状"图层，如图 4-122 所示。

图 4-120　选中对象

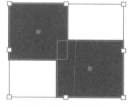

图 4-121　组合路径

图 4-122　复合形状

提示

复合形状是可编辑的路径，由两个或多个对象组成。由于用户可以精确地操控复合形状中每个路径的堆栈顺序、位置和外观，所以，复合形状被认为简化了复杂形状的创建过程。

此时，"路径查找器"面板中的"扩展"按钮也被激活，如图 4-123 所示。单击"扩展"按钮，可以将组合在一起的复合形状转换为复合路径。复合路径在"图层"面板中显示为单一图层，如图 4-124 所示。

图 4-123　可用状态

图 4-124　单一图层

2. 路径查找器

在"路径查找器"选项组中，可以对选中的多个路径进行分割、修边、合并、裁剪、轮廓和减去后方对象操作。选择操作后，新创建的图形将自动编组，按【Shift+Ctrl+G】组合键，编组中的多个图形将独立显示。

选择两个或两个以上的重叠对象，单击"分割"按钮 ，可以将所选对象分割成多个不同的闭合路径，分割时以相交线为分割依据，如图 4-125 所示。

图 4-125　"分割"效果

选中重叠对象后，单击"修边"按钮 ，所选对象中的下方对象与上方对象的重叠部分被删除，上方对象保持不变。所选对象的填色不影响最终切割效果，同时所有对象的"描边"将变成"无"，如图 4-126 所示。

图 4-126　"修边"效果

选中重叠对象后，单击"合并"按钮，如果所选对象具有相同填色，则所选对象中的重叠部分被删除且合并为一个整体，如图 4-127 所示；如果所选对象具有不同填色，将得到应用"修边"功能的多个路径，且对象的"描边"都变成"无"，如图 4-128 所示。

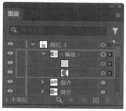

图 4-127 相同颜色"合并"效果

图 4-128 不同颜色"合并"效果

选择两个或两个以上的重叠对象，单击"裁剪"按钮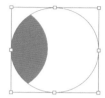，保留底层对象重叠部分，填色不变且删除描边；删除顶层对象的重叠部分并设置填色和描边为"无"，如图 4-129 所示。

图 4-129 "裁剪"效果

选中重叠对象后，单击"轮廓"按钮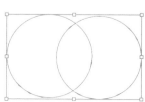，按照对象中各个轮廓相交点将所有对象切割为多个独立的开放路径。转换后的路径只显示描边颜色且属性相同，如图 4-130 所示。

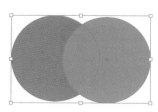

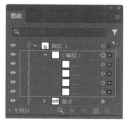

图 4-130 "轮廓"效果

选中重叠对象后，单击"减去后方对象"按钮，将从顶层对象中减去底层对象，其余参数不变。完成操作的路径在"图层"面板中显示为单一图层，如图 4-131 所示。

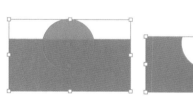

图 4-131 "减去后方对象"效果

4.6.2 案例操作——绘制卡通灯泡图形

源文件：源文件 / 第 4 章 / 绘制卡通灯泡图形
操作视频：视频 / 第 4 章 / 绘制卡通灯泡图形

Step 01 新建一个 Illustrator 文件。使用"椭圆工具"在画板中绘制一个填色为 RGB(255、158、0) 的椭圆，如图 4-132 所示。继续使用"矩形工具"绘制一个矩形，如图 4-133 所示。

Step 02 使用"选择工具"拖曳选中椭圆和矩形，选择"窗口→路径查找器"命令，在弹出的"路径查找器"面板中单击"联集"按钮，如图 4-134 所示。效果如图 4-135 所示。

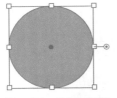
图 4-132　绘制椭圆形

图 4-133　绘制矩形

图 4-134　单击"联集"按钮

Step 03 使用"直接选择工具"拖曳选择如图 4-136 所示的两个锚点。拖曳锚点边上的控制点，得到圆角效果如图 4-137 所示。

图 4-135　图形效果

图 4-136　选中两个锚点

图 4-137　调整锚点为圆角

Step 04 使用"圆角矩形工具"绘制一个填色为 RGB(180、180、180) 的圆角矩形，如图 4-138 所示。继续使用"矩形工具"创建一个填色为黑色的矩形，如图 4-139 所示。

Step 05 使用"直接选择工具"拖曳选中底部的两个锚点，拖曳调整为圆角，完成卡通灯泡图形的绘制，效果如图 4-140 所示。

图 4-138　绘制圆角矩形

图 4-139　绘制矩形

图 4-140　卡通灯泡效果

4.6.3 "路径查找器"面板菜单

单击"路径查找器"面板右上角的"面板菜单"按钮 ≡，弹出的下拉列表如图 4-141 所示。选择任意选项，可完成相应的操作。

"陷印"选项可以很好地弥补印刷机存在的缺陷。选择需要设置陷印的对象，在打开的"路径查找器"面板菜单中选择"陷印"选项，弹出"路径查找器陷印"对话框，如图 4-142 所示。在该对话框中可按照自己的需要设置各项参数，完成后单击"确定"按钮。

图 4-141　下拉列表　　　　　　　　　图 4-142　"路径查找器陷印"对话框

选择面板菜单中的"重复"选项，将会再次选择上一次操作。每次的不同操作，都会让该选项的名称发生改变。

例如，对两个对象选择"裁剪"操作，则"路径查找器"面板菜单中"重复"选项名称相应变为"重复裁切"，如图 4-143 所示。对两个对象选择"减去顶层"操作，那么"路径查找器"面板菜单中的"重复"选项名称相应变为"重复相减"，如图 4-144 所示。

选择面板菜单中的"路径查找器选项"选项，弹出"路径查找器选项"对话框，如图 4-145 所示。设置各项参数，完成后单击"确定"按钮。

图 4-143　重复裁切　　　图 4-144　重复相减　　　图 4-145　"路径查找器选项"对话框

创建复合形状后，"路径查找器"面板菜单中的"释放复合路径"和"扩展复合形状"选项将被启用，用户可以根据自己的需要选择相应的选项。

4.7　使用图层

创建复杂图稿时，由于一个图稿拥有很多对象和组，使得用户想要确切跟踪文档窗口中的所有对象是比较困难的操作。尤其一些较小的图形隐藏在大图形下，更加剧了精确选中对象的难度。Illustrator CC 中的图层功能为用户提供了一种有效方式，用以管理组成图稿的所有对象。

4.7.1　使用图层面板

使用"图层"面板可以列出、组织和编辑文档中的对象。默认情况下，每个新建的

图 4-146   "图层"面板

文档都包含一个图层，而每个创建的对象都位于该图层下。用户也可以创建新的图层，并根据需求调整各个图层的顺序。

选择"窗口→图层"命令，弹出"图层"面板，如图 4-146 所示。当面板中的单个图层包含其他对象时，图层名称的左侧显示三角图标。单击三角图标，可显示或隐藏该图层的内容。如果图层名称左侧没有三角图标，则表示该图层中没有任何内容。

在 Illustrator CC 中，系统会为"图层"面板中的每个图层指定唯一颜色（最多 9 种颜色），该颜色显示在图层名称的左侧。选中图层中的一些对象或整个图层后，文档窗口中该对象的定界框、路径、锚点及中心点，会显示与此相同的颜色，如图 4-147 所示。用户可以使用该颜色功能在"图层"面板中快速定位对象的相应图层，并根据需要更改图层颜色。

图 4-147   选中对象的定界框颜色

4.7.2   创建图层

在"图层"面板中单击某个图层将其选中，如图 4-148 所示。单击面板底部的"创建新图层"按钮 ，新创建的图层位于该图层上方，如图 4-149 所示。单击面板底部的"创建新子图层"按钮 ，新创建的图层位于选中图层内部，如图 4-150 所示。

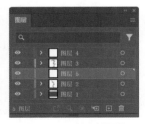

图 4-148   选中图层   图 4-149   创建新图层   图 4-150   创建新子图层

提示

如果用户想要在创建新图层时设置相关选项，应该从"图层"面板菜单中选择"新建图层"或"新建子图层"选项。

在"背面绘图"模式下，选中图层后创建图形，新图形所在图层位于所选图层内部的最底层，如图 4-151 所示。未选中图层后创建图形，新图形所在图层位于上次选中图层的最底层，如图 4-152 所示。

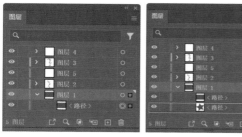

图 4-151　选中图层后图形位置　　　　　　　　图 4-152　未选中图层后图形位置

4.7.3　移动对象到图层

使用"编组选择工具"选中画板中的一个或多个对象，再单击"图层"面板中所需图层，将其选中，如图 4-153 所示。选择"对象→排列→发送至当前图层"命令，选中对象移动到当前的选中图层内，如图 4-154 所示。

图 4-153　选中对象和所需图层　　　　　　　　图 4-154　移动图层位置

选中一个对象或组，如图 4-155 所示。在"图层"面板中所选对象或组的图层右侧出现选择颜色框，如图 4-156 所示。将选择颜色框拖曳到所需图层上，释放光标后，所选对象或组移动到所需图层内，如图 4-157 所示。

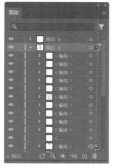

图 4-155　选中对象或组　　　　图 4-156　拖曳颜色组　　　　图 4-157　移动图层位置

4.7.4　在图层面板中定位项目

用户在文档窗口中选择对象或组时,可以使用"图层"面板菜单中的"定位对象"命令,在"图层"面板中快速定位相应的对象或组。

使用"编组选择工具"在画板中单击一个对象,将其选中,从"图层"面板菜单中选择"定位对象"选项,"图层"面板中的相应图层变为选中状态;如果选择了多个对象或组,将会定位堆叠顺序中最前面的对象,如图 4-158 所示。

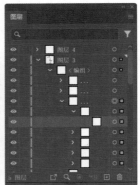

图 4-158　定位对象

> **提示**
>
> 如果"图层面板选项"对话框中的"仅显示图层"复选框为选中状态,则面板菜单中的"定位对象"选项命令更改为"定位图层"选项。

4.8　本章小结

通过本章的学习,用户需要熟练掌握 Illustrator CC 中对象的变换操作,即创建和编辑复杂图形的一些方法和技巧,包括使用变换对象、复制和删除对象、蒙版的使用方法、使用封套扭曲变形对象、混合对象和使用"路径查找器"面板等功能。

第 5 章
色彩的选择与使用

Illustrator CC 为用户提供了功能强大的色彩选择和使用工具，帮助用户快速设计出符合客户要求的作品，传达准确的设计理念。本章将针对 Illustrator CC 中的颜色选择和使用进行讲解，帮助读者快速掌握颜色的基本概念和运营技巧。

本章知识点

（1）了解颜色及颜色的选择。
（2）掌握重新着色图稿。
（3）掌握实时上色的方法。

5.1 关于颜色

对图稿应用颜色是一项常见的 Adobe Illustrator 任务，它要求了解有关颜色模型和颜色模式的一些知识。当对图稿应用颜色时，应想着用于发布图稿的最终媒体，以便能够使用正确的颜色模型和颜色定义。通过使用 Illustrator 中功能丰富的"色板"面板、"颜色参考"面板和"重新着色图稿"对话框，可以轻松地试验和应用颜色。

5.1.1 颜色模型

颜色模型用来描述在数字图形中看到和用到的各种颜色。每种颜色模型（如 RGB、CMYK 或 HSB）分别表示用于描述颜色及对颜色进行分类的不同方法。颜色模型用数值来表示可见色谱。色彩空间是另一种形式的颜色模型，它有特定的色域（范围）。

1. RGB 颜色模型

绝大多数可视光谱都可表示为红、绿、蓝（RGB）三色光在不同比例和强度上的混合。这些颜色若发生重叠，则产生青、洋红和黄。

RGB 颜色称为加成色，因为用户通过将 R、G 和 B 添加在一起（即所有光线反射回眼睛）可产生白色，如图 5-1 所示。加成色用于照明光、电视和计算机显示器。例如，显示器通过红色、绿色和蓝

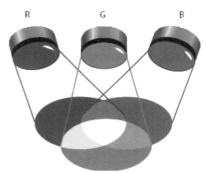

图 5-1　加成色

色荧光粉发射光线产生颜色。

用户可以通过使用基于 RGB 颜色模型的 RGB 颜色模式处理颜色值。在 RGB 模式下，每种 RGB 成分都可使用从 0（黑色）~255（白色）的值。例如，亮红色使用 R 值 246、G 值 20 和 B 值 50。当 3 种成分值相等时，将产生灰色阴影。当所有成分的值均为 255 时，结果是纯白色；当所有成分的值为 0 时，结果是纯黑色。

2. CMYK 颜色模型

RGB 模型取决于光源来产生颜色，而 CMYK 模型基于纸张上打印的油墨的光吸收特性。当白色光线照射到半透明的油墨上时，将吸收一部分光谱，没有吸收的颜色反射回眼睛。

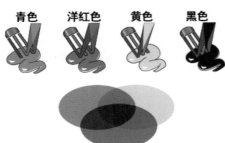

混合青色（C）、洋红色（M）和黄色（Y）色素可通过吸收产生黑色，或通过相减产生所有颜色，因此，这些颜色被称为减色，如图 5-2 所示。添加黑色（K）油墨是为了能够更好地实现阴影密度。将这些油墨混合重现颜色的过程称为四色印刷。

图 5-2　减色

> **提示**
>
> CMYK 模式也被称为印刷专用色。当准备使用印刷色油墨打印文档时，文档通常要设置为 CMYK 模式。

3. HSB 颜色模型

HSB 模型以人类对颜色的感觉为基础，描述了颜色的色相、饱和度和亮度 3 种基本特性，如图 5-3 所示。

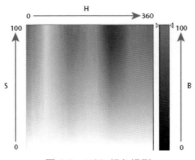

色相是反射自物体或投射自物体的颜色。在 0°~360°的标准色轮上，按位置度量色相。在通常的使用中，色相指的是颜色等名称，如红色、橙色或绿色。

饱和度是颜色的强度或纯度（有时称为色度）。饱和度表示色相中灰色分量所占的比例，它使用从 0%（灰色）~100%（完全饱和）的百分比来度量。在标准色轮上，饱和度从中心到边缘递增。

亮度是颜色的相对明暗程度，通常使用从 0%（黑色）~100%（白色）的百分比来度量。

图 5-3　HSB 颜色模型

4. Lab 颜色模型

Lab 颜色模型是基于人对颜色的感觉。Lab 中的数值描述是正常视力的人能够看到的所有颜色。因为 Lab 描述的是颜色的显示方式，而不是设备（如显示器、打印机或数码相机）生成颜色所需的特定色料的数量，所以，Lab 被视为与设备无关的颜色模型。色彩管理系统使用 Lab 作为色标，将颜色从一个色彩空间转换到另一个色彩空间。

在 Illustrator CC 中，可以使用 Lab 颜色模型创建、显示和输出专色色板，但是，不能以 Lab 模式创建文档。

5. 灰度颜色模型

灰度使用黑色调表示物体。每个灰度对象都具有从 0%（白色）~100%（黑色）的亮度值。使用黑白或灰度扫描仪生成的图像通常以灰度显示，如图 5-4 所示。

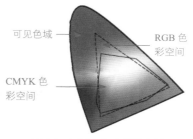

图 5-4　灰度

使用灰度还可将彩色图稿转换为高质量黑白图稿。在这种情况下，Illustrator CC 放弃原始图稿中的所有颜色信息；转换对象的灰色级别（阴影）表示原始对象的明度。

5.1.2　色彩空间和色域

色彩空间是可见光谱中的颜色范围。色彩空间也可以是另一种形式的颜色模型。Adobe RGB、Apple RGB 和 sRGB 是基于同一个颜色模型的不同色彩空间示例。

色彩空间包含的颜色范围称为色域。整个工作流程内用到的各种不同设备（计算机显示器、扫描仪、打印机、印刷机、数码相机）都在不同的色彩空间内运行，它们的色域各不相同，如图 5-5 所示。某些颜色位于计算机显示器的色域内，但不在喷墨打印机的色域内；某些颜色位于喷墨打印机的色域内，但不在计算机显示器的色域内。无法在设备上生成的颜色被视为超出该设备的色彩空间，该颜色超出色域。

图 5-5　不同色彩空间的色域

5.1.3　专色与印刷色

可以将颜色类型指定为专色或印刷色，这两种颜色类型与商业印刷中使用的两种主要的油墨类型相对应。对路径和框架应用颜色时，要先确定使用该图稿的最终媒介，以便使用最合适的颜色模式应用颜色。选择"窗口→色板库→默认色板"命令，可以看到 Illustrator CC 为用户提供的针对不同媒介的色板库，如图 5-6 所示。

专色是一种预先混合的特殊油墨，用于替代印刷油墨或为其提供补充，它在印刷时需要使用专门的印版。当指定少量颜色并且颜色准确度很关键时，应使用专色。专色油墨准确重现印刷色色域以外的颜色。但是，印刷专色的确切外观由印刷商所混合的油墨和所用纸张共同决定，而不是由用户指定的颜色值或色彩管理决定。指定专色值时，用户描述的仅是显示器和彩色打印机的颜色模拟外观（取决于这些设备的色域限制）。

图 5-6　不同媒介的色板库

印刷色是使用 4 种标准印刷油墨——青色（C）、洋红色（M）、黄色（Y）和黑色（K）的组合打印的。当需要的颜色较多而导致使用单独的专色油墨成本很高或者不可行时（例如，印刷彩色照片时），需要使用印刷色。

5.2　颜色的选择

用户可以通过使用 Illustrator CC 中的各种工具、面板和对话框为图稿选择颜色。如何选择颜色取决于图稿的要求。例如，如果希望使用公司认可的特定颜色，则可以从公司认可的色板库中选择颜色。如果希望颜色与其他图稿中的颜色匹配，则可以使用吸管或拾色器并输入准确的颜色值。

5.2.1 使用拾色器

拾色器通过选择色域和色谱、定义颜色值或单击色板的方式，选择对象的填充颜色或描边颜色。双击工具箱底部的填充颜色或描边颜色边框，即可弹出"拾色器"对话框，如图 5-7 所示。

图 5-7 "拾色器"对话框

提示

双击"颜色"面板或"色板"面板中的填充颜色或描边颜色边框，也可以打开"拾色器"对话框。

5.2.2 使用颜色面板

选择"窗口→颜色"命令，即可打开"颜色"面板，如图 5-8 所示。使用"颜色"面板可以将颜色应用于对象的填充和描边，还可以编辑和混合颜色。

"颜色"面板可使用不同颜色模型显示颜色值。默认情况下，"颜色"面板中只显示最常用的选项。用户可以从面板菜单中选择不同的颜色模型，如图 5-9 所示。

"颜色"面板可使用不同颜色模型显示颜色值。默认情况下，"颜色"面板中只显示最常用的选项。用户可以从面板菜单中选择不同的颜色模型，如图 5-10 所示。

图 5-8 "颜色"面板

图 5-9 选择不同的颜色模式

图 5-10 切换面板显示大小

5.2.3　使用色板面板

选择"窗口→色板"命令，打开"色板"面板，如图 5-11 所示。使用"色板"面板可以控制所有文档的颜色、渐变和图案。色板可以单独出现，也可以成组出现。

用户可以打开来自其他 Illustrator 文档和各种颜色系统的色板库。色板库显示在单独的面板中，不与文档一起存储。

1. 印刷色

印刷色使用 4 种标准印刷色油墨——青色、洋红色、黄色和黑色的组合打印。默认情况下，Illustrator CC 将新色板定义为印刷色。

2. 全局印刷色

当编辑全局色时，图稿中的全局色自动更新。所有专色都是全局色；印刷色可以是全局色或局部色。可以根据全局色图标（当面板为列表视图时）或下角的三角形（当面板为缩略图视图时）标识全局色色板，如图 5-12 所示。

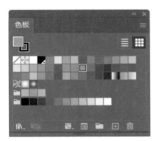
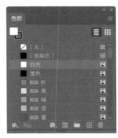
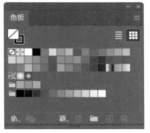

图 5-11　"色板"面板　　　　　　　　　图 5-12　全局色色板

3. 专色

专色是预先混合的用于代替或补充 CMYK 四色油墨的油墨。可以根据专色图标（当面板为列表视图时）或下角的点（当面板为缩略图视图时）标识专色色板，如图 5-13 所示。

5.2.4　使用色板库

色板库是预设颜色的集合，包括

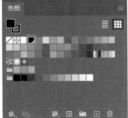

图 5-13　专色色板

油墨库和主题库。打开一个色板库时，该色板库将显示在新面板中（而不是"色板"面板）。在色板库中选择、排序和查看色板的方式与在"色板"面板中的操作一样。但是不能在"色板库"面板中添加色板、删除色板或编辑色板。

单击"色板"面板底部的"色板库"按钮，如图 5-14 所示；或者在"色板"面板菜单中选择"打开色板库"命令，如图 5-15 所示；或者选择"窗口→色板库"命令，在弹出的列表或菜单中选择库名称即可，如图 5-16 所示。

> **提示**
>
> 用户可以在"色板"面板的菜单中选择"小缩览图视图""中缩览图视图""大缩览图视图""小列表视图"或"大列表视图"显示模式。

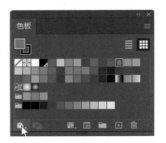

图 5-14　"色板库"按钮

图 5-15　选择"打开色板库"命令

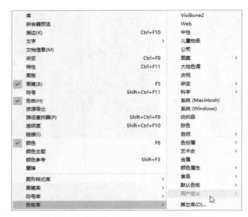

图 5-16　选择"窗口→色板库"命令

5.2.5　案例操作——添加图稿颜色到"色板"面板

源文件：无　　操作视频：视频 / 第 5 章 / 添加图稿颜色到色板面板

Step 01 选择"文件→打开"命令，打开"素材 \ 第 5 章 \501.ai"文件，确定在画板中未选中任何内容，如图 5-17 所示。

Step 02 打开"色板"面板，选中面板菜单中的"添加使用的颜色"命令，即可将文件中的所有颜色添加到"色板"面板中，如图 5-18 所示。

图 5-17　打开素材文件

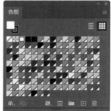

图 5-18　添加使用的颜色

Step 03 选择包含要添加到"色板"面板中的颜色的对象，选择面板菜单中的"添加使用的颜色"选项，将选中对象的颜色添加到"色板"面板中，如图 5-19 所示。

Step 04 选择对象后，单击"新建颜色组"按钮，在弹出的"新建颜色组"对话框中设置参数，单击"确定"按钮，将选中对象的颜色添加到"色板"面板中，如图 5-20 所示。

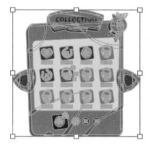 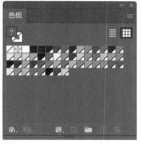 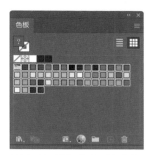

图 5-19　添加选中对象颜色　　　　　　图 5-20　添加选中对象颜色

5.2.6　导入和共享色板

用户可以将另一个文档的色板导入到当前文档中。选择"色板"面板菜单中的"打开色板库→其他库"命令，或者选择"窗口→色板库→其他库"命令，如图 5-21 所示。在弹出的"打开"对话框中选择包含色板的文件，单击"打开"按钮，即可将文件内的所有颜色导入到色板库面板中。

图 5-21　打开其他库

如果想要从另一个文档中导入多个色板，可以将包含色板的对象复制并粘贴到当前文档中，导入的色板将显示在"色板"面板中。

通过存储用于交换的色板库，可以在 Photoshop、Illustrator 和 InDesign 中共享用户创建的实色色板。只要同步了颜色设置，颜色在不同应用程序中的显示就会相同。

在"色板"面板中选择想要共享的印刷色色板和专色色板，单击"色板"面板底部的"将选定色板和颜色组添加到我的当前库"按钮，选中的色板将被添加到"库"面板中，如图 5-22 所示。

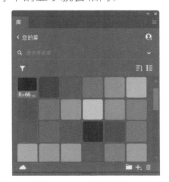

或者选择"色板"面板菜单中的"色板选项"命令，弹出"色板选项"对话框，设置"添加到我的库"参数，如图 5-23 所示。单击"确定"按钮，也可以将选中的色板添加到库中。

启动 Photoshop，选择"窗口→库"命令，即可在打开的"库"面板中看到在 Illustraotr 中共享的色板，如图 5-24 所示。

图 5-22　"库"面板

图 5-23 "色板选项"对话框

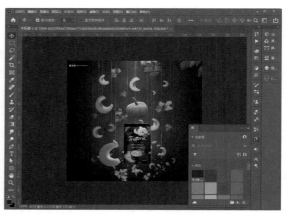

图 5-24 Photoshop 中共享色板

5.2.7 使用颜色参考

创建图稿时,可使用"颜色参考"面板作为激发颜色灵感的工具。"颜色参考"面板会基于"工具"面板中的当前颜色为用户提供协调颜色,可以使用这些颜色对图稿进行着色,或在"重新着色图稿"对话框中对它们进行编辑;也可以将其存储为"色板"面板中的色板或色板组。

可以通过多种方式处理"颜色参考"面板中的生成颜色,包括更改颜色协调规则或调整变化类型(例如,淡色和暗色或亮色和柔色)和显示的变化颜色的数目。

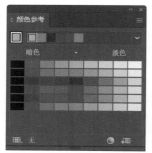

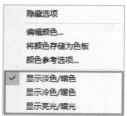

图 5-25 "颜色参考"对话框　　图 5-26 选择显示方式

选择"窗口→颜色参考"命令,弹出"颜色参考"面板,如图 5-25 所示。默认情况下,"颜色参考"面板采用"显示淡色/暗色"的方式提供建议颜色,用户可以在"颜色参考"面板菜单中选择其他两种建议方式,如图 5-26 所示。

5.3 重新着色图稿

运用 Illustrator 的平衡色轮、精选颜色库或颜色主题拾取器工具,可以方便快捷地创建海量颜色变化。尝试不同颜色并选取最适合图稿的颜色,重新着色图稿。

选择图稿,如图 5-27 所示。单击"控制"面板上的"重新着色图稿"按钮 或者选择"编辑→编辑颜色→重新着色图稿"命令,弹出如图 5-28 所示的对话框,单击该对话框右下角的"高级选项"按钮,弹出"重新着色图稿"对话框,如图 5-29 所示。

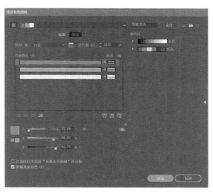

图 5-27　选中图稿　　　　图 5-28　弹出对话框　　　　图 5-29　"重新着色图稿"对话框

选择"编辑"选项卡，"重新着色图稿"对话框显示如图 5-30 所示。单击对话框右侧的三角形图标，可以隐藏或显示"颜色组"列表；选中左下角的"启动时打开高级'重新着色图稿'"复选框后，下次应用"重新着色图稿"功能时，将直接打开"重新着色图稿"对话框，如图 5-31 所示。

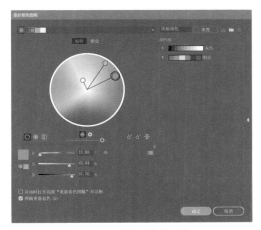

图 5-30　"编辑"选项卡　　　　　　　　图 5-31　隐藏颜色组列表

5.3.1　"编辑"选项卡

在"编辑"选项卡中可以完成创建新颜色组或编辑现有颜色组的操作。单击"协调规则"按钮，在弹出的下拉面板中选择任意选项，进行协调试验，如图 5-32 所示。也可以通过拖动色轮中的控制点对颜色协调进行试验，如图 5-33 所示。

色轮将显示颜色在颜色协调中是如何关联的，同时用户可以在颜色条上查看和处理各个颜色值。此外，可以调整亮度、添加和删除颜色、存储颜色组及预览选定图稿上的颜色。

单击"平滑的色轮"按钮 ，色轮显示效果如图 5-34 所示。将在平滑的连续圆形中显示色相、饱和度和亮度。在圆形色轮上绘制当前颜色组中的每种颜色。此色轮可让用户从多种高精度的颜色中进行选择，由于每个像素代表不同的颜色，所以，难以查看单个的颜色。

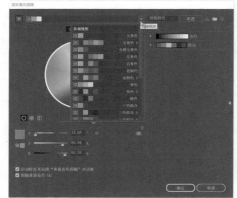 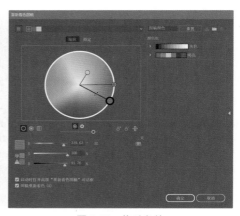

图 5-32 "协调规则"下拉列表　　　　　　　图 5-33 拖动色轮

单击"分段的色轮"按钮 ，将颜色显示为一组分段的颜色片，如图 5-35 所示。此色轮可让用户轻松查看单个的颜色，但是提供的可选择颜色没有连续色轮中提供的多。

单击"颜色条"按钮，仅显示颜色组中的颜色，如图 5-36 所示。这些颜色显示为可以单独选择和编辑的实色颜色条。通过将颜色条拖放到左侧或右侧，重新组织该显示区域中的颜色。右击颜色，可以选择将其删除、设为基色、更改其底纹或者使用拾色器对其进行更改。

图 5-34 平滑的色轮　　　　　图 5-35 分段的色轮　　　　　图 5-36 颜色条

5.3.2 "指定"选项卡

在选定图稿的情况下，可以在"指定"选项卡中查看和控制颜色组中的颜色如何替换图稿中的原始颜色，如图 5-37 所示。

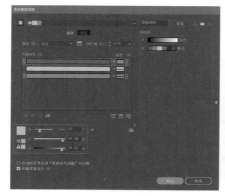 

图 5-37 替换图稿中的原始颜色

　　用户可以在"预设"下拉列表中选择指定重新着色预设，如图 5-38 所示。选择一种预设后，在弹出的对应对话框中选择一种颜色库，如图 5-39 所示。单击"确定"按钮，即可完成指定重新着色预设的操作。

　　用户可以在"颜色数"选项后面的下拉列表中选择颜色数，控制在重新着色的图稿中显示的颜色数。单击"减低颜色深度选项"按钮▥，弹出"减低颜色深度选项"对话框，如图 5-40 所示。可在该对话框中设置相关参数，完成后单击"确定"按钮。

图 5-38　"预设"下拉列表

图 5-39　选择颜色库

图 5-40　"减低颜色深度
选项"对话框

5.3.3　创建颜色组

　　通过在"重新着色图稿"对话框中选择基色和颜色协调规则，可以创建颜色组。创建的颜色组将显示在"颜色组"列表中，如图 5-41 所示。

图 5-41　"颜色组"列表

提示

　　用户可以使用"颜色组"列表编辑、删除和创建新的颜色组。所做的所有更改将会反映在"色板"面板中。可以选择并编辑任何颜色组或使用它对选定图稿重新着色。

5.3.4　案例操作——为图形创建多个颜色组

源文件：视频 / 第 5 章 / 为图形创建多个颜色组
操作视频：视频 / 第 5 章 / 添加图稿颜色到色板面板

　　Step 01 选择"文件→打开"命令，将素材"502.ai"文件打开。选中画板中的对象，单击"属性"面板中的"重新着色"按钮，弹出"重新着色图稿"对话框，如图 5-42 所示。

　　Step 02 单击右上角的"新建颜色组"按钮▤，即可新建一个颜色组，双击颜色组名称处，修改颜色组名称为"红色方案"，如图 5-43 所示。单击"当前颜色"列表中的第一个颜色，拖曳下方滑块修改其颜色为洋红色，如图 5-44 所示。

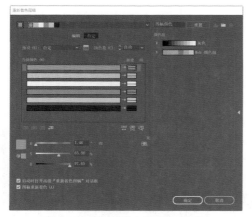

图 5-42　"重新着色图稿"对话框

图 5-43　新建颜色组

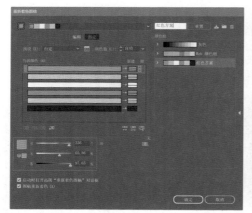
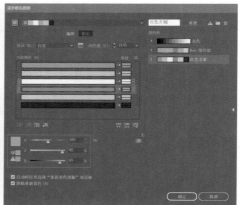

图 5-44　重新着色效果

Step03 继续使用相同的方法修改其他颜色，如图 5-45 所示。选中右下角的"图稿重新着色"复选框，图形效果如图 5-46 所示。

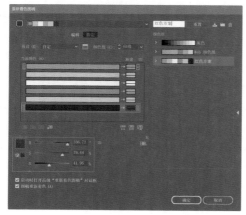

图 5-45　修改其他颜色值

图 5-46　图稿重新着色效果

Step 04 单击右上角的"新建颜色组"按钮，新建一个颜色组，并设置名称为"洋红方案"。单击"颜色组"列表中的颜色组，可以随时查看不同的配色效果，如图 5-47 所示。

Step 05 单击"确定"按钮，新建的颜色组同时显示在"色板"面板中，如图 5-48 所示。

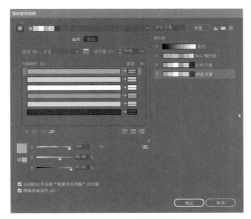

图 5-47　查看不同配色

图 5-48　"色板"面板

5.4　实时上色

在 Illustrator CC 中，"实时上色"是一种直接创建彩色图画的方法。采用这种方法为图像上色时，需要上色的全部路径处于同一平面上，且路径将绘画平面按照一定规律分割成几个区域，不论该区域的边界是由单条路径还是多条路径段组成的，用户都可以使用 Illustrator CC 内的所有矢量绘画工具，对其中的任何区域进行上色操作。

如此简单、轻松的上色方法，大大减少了设计师在图画上色阶段花费的时间，从而有效提高工作效率。

5.4.1　创建实时上色组

创建路径对象并想要为对象上色时，首先需要将路径对象转换为"实时上色"组，这个"实时上色组"中的所有路径被看作在同一个平面的组成部分，此时不必考虑它们的排列顺序和图层。然后直接在这些路径所构成的区域（称为"表面"）上色，也可以给这些区域相交的路径部分（称为"边缘"）上色，还可以使用不同的颜色对每个表面填色或为每条边缘描边。图 5-49 所示为路径对象使用"实时上色"前后的对比效果。

使用"选择工具"选中需要上色的所有对象，选择"对象→实时上色→建立"命令或按【Alt+Ctrl+X】组合键，即可将所有选中对象建立为一个"实时上色"组，如图 5-50 所示。

图 5-49　路径对象使用"实时上色"前后的对比效果

选中想要上色的对象，单击工具箱中的"实时上色工具"按钮 ，将光标移动到选中对象上单击，在弹出的"**Adobe Illustrator**"对话框中单击"确定"按钮，即可建立一个"实时上色"组，如图 5-51 所示。

图 5-50　使用命令建立"实时上色"组　　　　图 5-51　使用工具建立"实时上色"组

创建"实时上色"组前必须选中想要上色的对象，否则"实时上色"命令将为禁用状态，如图 5-52 所示。使用"实时上色工具"单击对象时，会弹出"Adobe Illustrator"警告框提示用户选中对象，如图 5-53 所示。

图 5-52　命令为禁用状态　　　　图 5-53　"Adobe Illustrator"警告框

有些对象无法或不适合直接转换为"实时上色"组进行上色，如文字、位图图像和画笔等对象。针对此种情况，可以先将这些对象转换为路径，然后将路径转换为"实时上色"组。

1. 文本对象

选中文本对象，如图 5-54 所示。选择"文字→创建轮廓"命令或按【Shift+Ctrl+O】组合键将文字转换为路径。使用"实时上色工具"单击对象或选择"对象→实时上色→建立"命令，创建"实时上色"组，如图 5-55 所示。

图 5-54　将文本创建轮廓　　　　图 5-55　创建"实时上色"组

2. 位图对象

选中位图图像，选择"对象→图像描摹→创建并展开"命令，效果如图 5-56 所示。使用"实时上色工具"单击对象或选择"对象→实时上色→建立"命令，即可创建实时上色组，如图 5-57 所示。

3. 画笔等其他对象

对于其他对象，可以通过选择"对象→扩展外观"命令，如图 5-58 所示，将对象转换为路径，然后使用"实时上色工具"单击对象或选择"对象→实时上色→建立"命令，即可创建实时上色组。

图 5-56 创建并展开位图

图 5-57 建立"实时上色"组

图 5-58 "扩展外观"命令

5.4.2 使用"实时上色工具"

将所选对象转换为"实时上色"组并设置自己所需的填色和描边颜色参数后，可以使用"实时上色工具"为"实时上色"组的表面和边缘上色。

开始上色前或上色过程中，双击工具箱中的"实时上色工具"按钮 🖌，弹出"实时上色工具选项"对话框，如图 5-59 所示。在该对话框中为"实时上色工具"设置更加详细的参数，用以增强"实时上色工具"的使用效果，完成后单击"确定"按钮，关闭对话框。

图 5-59 "实时上色工具选项"对话框

5.4.3 案例操作——使用实时上色工具为卡通小猫上色

源文件：视频 / 第 5 章 / 使用实时上色工具为卡通小猫上色
操作视频：视频 / 第 5 章 / 使用实时上色工具为卡通小猫上色

Step 01 选择"文件→打开"命令，将素材"503.ai"文件打开。拖曳选中图形，执行"对象→实时上色→建立"命令，单击"确定"按钮，将图像转换为"实时上色"组，如图 5-60 所示。

Step 02 设置填充色为 RGB(39、39、43)，单击工具箱中的"实时上色工具"按钮，将光标移动到上色组上，单击为图形上色，效果如图 5-61 所示。设置填充色为 RGB(249、

89、85），继续使用"实时上色工具"为图形上色，效果如图 5-62 所示。

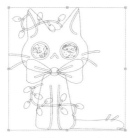

图 5-60 转换为"实时上色"组   图 5-61 使用黑色填充   图 5-62 使用红色填充

Step 03 继续使用相同的方法，使用"实时上色工具"为图形填色，完成效果如图 5-63 所示。拖曳选中图形，设置其描边色为"无"，效果如图 5-64 所示。

图 5-63 "实时上色工具"填充效果   图 5-64 完成效果

5.4.4 编辑实时上色组

创建实时上色组后，仍然可以编辑其中的路径或对象。在编辑的过程中，Illustrator CC 会自动使用当前实时上色组中的填充和描边参数为修改后的新表面和边缘着色。如果用户对修改后的上色效果不满意，可以使用"实时上色工具"对表面和边缘进行重新上色。

1. 选择"实时上色"组中的项目

在 Illustrator CC 中，"实时上色选择工具" 用于选择"实时上色"组中的各个表面和边缘，如图 5-65 所示。使用"选择工具"可以选择整个"实时上色"组；使用"直接选择工具"可以选择"实时上色"组内的路径，如图 5-66 所示。

图 5-65 选择表面和边缘   图 5-66 使用"直接选择工具"选择路径

如果用户想要选择"实时上色"组中具有相同填充或描边的表面或边缘，可以使用"实时上色选择工具"三击某个表面或边缘，这样即可选中该实时上色组中的相同内容，如图 5-67 所示。

也可以单击某个表面或边缘，选择"选择→相同"命令，在弹出的子菜单中选择"填充颜色""描边颜色"或"描边粗细"命令，即可选中相同内容，如图 5-68 所示。

图 5-67　三击选中相同内容　　　　　　　　图 5-68　使用命令选中相同内容

2. 隔离实时上色组

用户在处理复杂文档时，可以通过隔离"实时上色"组，以便更加轻松和确切地选择自己所需的表面或边缘。使用"选择工具"双击"实时上色"组，即可隔离实时上色组，如图 5-69 所示。单击文档窗口左上角的"返回"按钮，可以退出隔离模式，如图 5-70 所示。

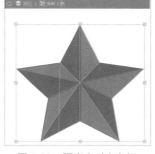

图 5-69　隔离实时上色组　　　图 5-70　退出隔离模式

3. 修改实时上色组

一般情况下，修改"实时上色"组是根据绘制的需求移动或删除选中对象的某些边缘。完成着色的原始"实时上色"组如图 5-71 所示。使用"直接选择工具"删除边缘后，会连续填充新扩展的表面，如图 5-72 所示。如果使用"直接选择工具"调整了边缘的位置，系统同样会用该图形的填色参数为扩展或收缩后的部分进行着色，如图 5-73 所示。

图 5-71　原始着色效果　　　图 5-72　删除边缘着色效果　　　图 5-73　移动边缘着色效果

4. 向实时上色组添加路径

当向"实时上色"组中添加新路径时，可以选中实时上色组和要添加的路径，选择"对象→实时上色→合并"命令，如图 5-74 所示。完成后，即可将选中路径添加到"实时上色"组中。

　　用户也可以选中实时上色组和需要添加到组中的路径，然后单击"控制"面板中的"合并实时上色"按钮，如图 5-75 所示。完成后，选中的路径被添加到"实时上色"组中。用户完成向"实时上色"组添加路径后，可以对创建的新表面和边缘进行填色和描边操作。

图 5-74　"合并"命令

图 5-75　"合并实时上色"按钮

5.4.5　扩展与释放实时上色组

　　使用"实时上色"命令中的"扩展"和"释放"子命令，可以将"实时上色"组中的对象转换为普通路径。

　　选中"实时上色"组，选择"对"→实时上色→扩展"命令或单击"控制"面板上的"扩展"按钮，可以将其扩展为路径组合。完成扩展的路径组合不再具有实时上色组的特点，也不能使用"实时上色工具"为其着色。

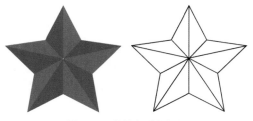

图 5-76　释放实时上色组

　　"释放"实时上色组可以将实时上色组转换为路径对象，并且系统会自动为转换后的路径对象设置填色为"无"，设置为 0.5px 的黑色描边。选中想要释放的实时上色组，选择"对象→实时上色→释放"命令，即可完成释放操作，如图 5-76 所示。

5.5　本章小结

　　本章主要讲解了色彩的相关概念及 Illustrator CC 中颜色的选择和使用。同时讲解了颜色库和颜色参考的使用方法。还详细讲解了重新着色图稿和实时上色功能的原理和使用方法。

第6章
绘画的基本操作

在实际工作中，除了使用 Illustrator CC 完成各种图形的绘制，还会使用 Illustrator CC 完成各种绘画作品。本章将针对 Illustrator CC 的各种绘画工具和命令进行讲解，帮助读者掌握使用 Illustrator CC 绘画的基本操作。

本章知识点

（1）了解填色和描边的方法。
（2）掌握使用"描边"面板。
（3）掌握使用宽度工具。
（4）掌握渐变填充的方法。
（5）掌握使用画笔工具和斑点画笔工具。
（6）掌握使用橡皮擦工具。
（7）掌握使用透明度的方法。

6.1 填色和描边

填色是指对象内部的颜色、图案或渐变，其可应用于开放和封闭的对象。描边则是对象和路径的可视轮廓，用户能控制描边的宽度和颜色，也可使用"路径"选项创建虚线描边。图 6-1 所示为工具箱中的填充和描边效果。

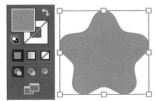
只具有填充
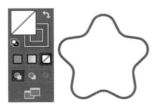
只具有描边
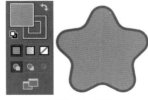
具有填充和描边

图 6-1　工具箱中的填充和描边效果

6.1.1　使用填充和描边控件

Illustrator CC 在"属性"面板、工具箱、"控制"面板和"颜色"面板中为用户提

供了用于设置填色和描边的控件。图 6-2 所示为工具箱中的填充和描边控件；图 6-3 所示
为"属性"面板中的填色和描边控件。

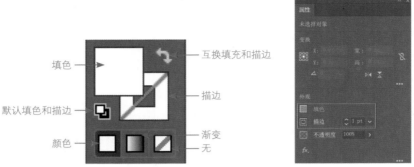

填色 —— 互换填充和描边

默认填色和描边 —— 描边

颜色 —— 渐变 —— 无

图 6-2　工具箱中的填充和描边控件

图 6-3　"属性"面板和"控制"面板

6.1.2　应用填色和描边颜色

使用"选择工具"或"直接选择工具"选中对象，双击工具箱底部的"填色"框，
在弹出的"拾色器"对话框中选择一种颜色，如图 6-4 所示，单击"确定"按钮，即可
为对象填充该颜色。

选中对象后，单击"色板"面板、"颜色"面板、"渐变"面板或者色板库中的颜
色，也可以将颜色应用到对象上。单击工具箱中的"吸管工具"按钮 ，将光标移动到
想要为对象应用的颜色上，单击即可将该对象的颜色属性应用到选中对象上，如图 6-5
所示。

图 6-4　"拾色器"对话框

图 6-5　"吸管工具"吸取颜色属性

> **提示**
>
> 将颜色从"填色"框、"颜色"面板、"渐变"面板或"色板"面板拖曳到对象
> 上，可以快速将颜色应用于未经选择的对象。

选中对象后，双击工具箱底部的"描边"框。在弹出的"拾色器"对话框中选择

一种颜色，单击"确定"按钮，即可为对象应用描边颜色。用户也可以通过"属性"面板、"颜色"面板或者"控制"面板中的"描边"色框为对象添加描边颜色。

6.1.3　轮廓化描边

将描边轮廓化后，描边颜色将自动转换为填充颜色。选中对象，如图 6-6 所示。选择"对象→路径→轮廓化描边"命令，即可将描边轮廓化，如图 6-7 所示。轮廓化描边本质上是将路径转换为由两条路径组成的复合路径。

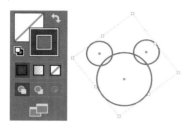

图 6-6　选中对象

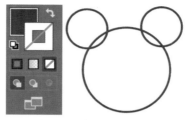

图 6-7　轮廓化描边效果

生成的复合路径会与已填色的对象编组到一起。要修改复合路径，首先要取消该路径与填色的编组，或者使用"编组选择"工具选中该路径。

6.1.4　选择相同填充和描边的对象

选中一个对象，单击"控制"面板中的"选择类似的选项"按钮，然后在弹出的下拉列表中选择希望基于怎样的条件来选择对象，如图 6-8 所示。用户可以选择具有相同属性的对象，其中包括"填充颜色""描边颜色"及"描边粗细"。

图 6-8　"选择类似的选项"下拉列表

6.2　使用描边面板

用户可以使用"描边"面板指定线条类型、描边粗细、描边的对齐方式、斜接的限制、箭头、宽度配置文件和线条连接的样式及线条端点。

选择"窗口→描边"命令，弹出"描边"面板，如图 6-9 所示。通过该面板可以将描边选项应用于整个对象，也可以使用实时上色组，为对象内的不同边缘应用不同的描边。

选择面板菜单中的"隐藏选项"选项，可隐藏面板中的选项，如图 6-10 所示。选项面板菜单中的"显示选项"选项，可以将隐藏的选项显示出来。多次单击"描边"面板名称前的图标，可以逐级隐藏面板选项，如图 6-11 所示。

图 6-9　"描边"面板

图 6-11　逐级隐藏面板选项

图 6-10　隐藏选项

6.2.1　描边宽度和对齐方式

选中对象后，用户可以在"描边"面板或"控制"面板中的描边"粗细"文本框中

图 6-12　设置对象描边的宽度

选择一个选项或输入一个数值，设置对象描边的宽度，如图 6-12 所示。

Illustrator CC 为用户提供了居中对齐、内侧对齐和外侧对齐 3 种路径对齐方式。

选中带有描边的对象，单击"描边"面板中"对齐描边"选项后面的"使描边居中对齐"按钮，描边放置在路径两侧，如图 6-13 所示；单击"使描边内侧对齐"按钮，描边将放置在路径内侧，如图 6-14 所示；单击"使描边外侧对齐"按钮，描边将放置在路径外侧，如图 6-15 所示。

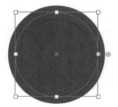

图 6-13　描边居中对齐

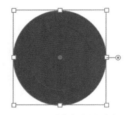

图 6-14　描边内侧对齐

图 6-15　描边外侧对齐

提示

使用 Illusrator 的最新版本创建 Web 文档时，默认使用"使描边内侧对齐"方式。而使用 Illustrator 早期版本创建图形时，默认使用"使描边居中对齐"方式。

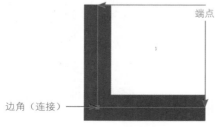

图 6-16　线条的端点和连接

6.2.2　更改线条的端点和边角

端点是指一条开放线段两端的端点；边角是指直线段改变方向（拐角）的地方，如图 6-16 所示。在 Illustrator 中，可以通过改变对象的描边属性来改变线段的端点和连接。

选中带有描边的图形或线条，用户可以在"描边"面板中设置端点的类型为平头、圆头和方头，以及设置边角的类型为斜接、圆角和斜角，如图 6-17 所示。如果将线条设置为虚线，更改线条端点类型，将获得更丰富的描边效果，如图 6-18 所示。

图 6-17　设置端点类型及边角类型

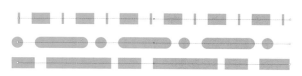

图 6-18　为虚线设置端点类型

6.2.3　添加和自定义箭头

在 Illustrator CC 中，可以从"描边"面板中访问箭头并关联控件来调整大小。默认箭头在"描边"面板中的"箭头"下拉列表中，如图 6-19 所示。

用户可以分别为路径的起点和终点设置箭头，如图 6-20 所示。单击"互换箭头起始处和结束处"按钮，可以交换起点箭头和终点箭头样式。

图 6-19　"箭头"下拉列表

图 6-20　交换起点箭头和终点箭头样式

使用"缩放"选项可以重新调整箭头开始和箭头末段的大小。单击"链接箭头起始处和结束处缩放"按钮，当按钮显示为状态时，箭头开始和箭头末尾将同时参与缩放操作。

单击"对齐"选项后的"将箭头提示扩展到路径终点外"按钮，将扩展箭头笔尖超过路径末端，如图 6-21 所示。单击"将箭头提示放置于路径终点处"按钮，将在路径末端放置箭头笔尖，如图 6-22 所示。

图 6-21　箭头笔尖超过路径末端

图 6-22　在路径末端放置箭头笔尖

6.2.4　案例操作——绘制细节丰富的科技感线条

源文件：视频 / 第 6 章 / 绘制细节丰富的科技感线条
操作视频：视频 / 第 6 章 / 绘制细节丰富的科技感线条

图 6-23　绘制四角星形

Step 01 新建一个 Illustrator 文件。使用"矩形工具"绘制一个填色为 RGB(10、70、160)、描边色为"无"、与画板等大的矩形，使用"星形工具"在画板中创建一个如图 6-23 所示的四角星形。

Step 02 选择"效果→扭曲和变换→变换"命令，在弹出的"变换效果"对话框中设置各项参数，如图 6-24 所示。单击"确定"按钮，图形效果如图 6-25 所示。

Step 03 拖曳选中所有图形，选择"窗口→描边"命令，选中"描边"面板中的"虚线"复选框，如图 6-26 所示。图形效果如图 6-27 所示。

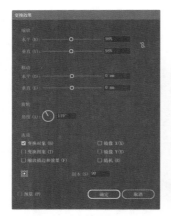

图 6-24　"变换效果"对话框

图 6-25　图形效果

图 6-26　"描边"对话框

Step 04 设置图形的描边色为从 RGB(255、132、46) 到 RGB(0、255、190) 的线性渐变，如图 6-28 所示。拖曳选中所有图形，调整其大小，最终效果如图 6-29 所示。

图 6-27　图形效果

图 6-28　设置线性渐变

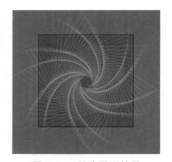

图 6-29　最终图形效果

6.3　宽度工具

使用"宽度工具"可以创建具有变量宽度的描边，而且可以将变量宽度保存为配置文件，并应用到其他描边。

6.3.1　使用宽度工具

绘制一个线段，单击工具箱中的"宽度工具"按钮或者按【Shift+W】组合键，将光标移动到描边上，此时路径上将显示一个空心菱形，如图 6-30 所示。按下鼠标左键拖曳，即可调整描边的宽度，如图 6-31 所示。

图 6-30　空心菱形

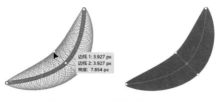

图 6-31　拖曳调整描边宽度

继续使用相同的方法添加宽度点并调整描边的宽度，效果如图 6-32 所示。按住【Alt】键的同时使用"宽度工具"拖曳宽度点，可以复制一个宽度点，如图 6-33 所示。

使用"宽度工具"双击宽度点，弹出"宽度点数编辑"对话框，如图 6-34 所示。设置数值后，单击"确定"按钮即可创建一个精确的宽度点。如果单击"删除"按钮，将删除当前宽度点。

图 6-32　调整描边宽度

图 6-33　复制宽度点

图 6-34　"宽度点数编辑"对话框

6.3.2　保存宽度配置文件

定义了描边宽度后，用户可以使用"描边"面板、"控制"面板或者"属性"面板，保存可变宽度配置文件。

单击"描边"面板底部"配置文件"右侧的下拉列表，再单击下拉列表底部的"添加到配置文件"按钮，如图 6-35 所示，弹出"变量宽度配置文件"对话框，如图 6-36 所示。输入"配置文件名称"后，单击"确定"按钮，即可将其添加到配置文件，如图 6-37 所示。

图 6-35　"配置文件"　　　　图 6-36　"变量宽度配置文件"　　　图 6-37　添加到配置文件
　　　下拉列表　　　　　　　　　对话框

选中下拉列表中的一个配置文件，单击下拉列表底部的"删除配置文件"按钮 ，即可将选中的配置文件删除。单击"重置配置文件"按钮 ，即可重置下拉列表。

6.4　渐变填充

渐变是两种或多种颜色之间或同一颜色的不同色调之间的逐渐混合。用户可以利用渐变形成颜色混合，增大矢量对象的体积，以及为图稿添加光亮或阴影的效果。

6.4.1　使用渐变工具和渐变面板

想要直接在图稿中创建或修改渐变，可以使用渐变工具。单击工具箱中的"渐变工具"按钮 或者按【G】键，"控制"面板中将显示"渐变类型"，如图 6-38 所示。单击选中不同的渐变类型，"控制"面板也会显示对应的参数，如图 6-39 所示。

图 6-38　线性渐变类型"控制"面板　　　　　图 6-39　任意形状渐变类型"控制"面板

选择"窗口→渐变"命令或者按【Ctrl+F9】组合键，弹出"渐变"面板，如图 6-40 所示，选中不同的渐变类型，"渐变"面板将呈现不同的参数，如图 6-41 所示。

选择"渐变"面板菜单中的"隐藏选项"选项或单击面板名称前的 图标，可将"渐变"面板中的选项隐藏，"渐变"面板效果如图 6-42 所示。再次单击图标或选择"显示选项"选项，即可将"渐变"面板选项显示出来。

图 6-40　"渐变"面板　　　　　图 6-41　选择渐变类型　　　　　图 6-42　隐藏选项

Illustrator CC 提供了一系列可通过"渐变"面板或"色板"面板设置的预定义渐变。选中要填充渐变的对象，单击"渐变"面板中渐变色框右侧的■图标，在弹出的下拉列表中选择已存储的渐变填充效果，如图 6-43 所示。也可以单击"色板"面板上的渐变填充，为对象添加渐变填充效果，如图 6-44 所示。

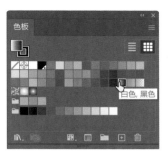

图 6-43　选择已存储的渐变填充效果　　　　　图 6-44　"色板"面板

提示

单击"色板"面板底部的"显示色板类型菜单"按钮，在弹出的下拉列表中选择"显示渐变色板"选项，"色板"面板中仅显示渐变。

选中"色板"面板菜单中的"打开色板库→渐变"选项，选择要应用的渐变，如图 6-45 所示。图 6-46 所示为选择了"季节"选项后弹出的"季节"渐变面板。

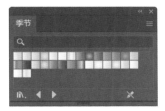

图 6-45　打开渐变色板库　　　　　　　　　图 6-46　"季节"渐变面板

6.4.2　创建和应用渐变

单击工具箱中的"渐变工具"按钮，并且工具箱中的"填色"框位于前面，然后将光标置于对象上，单击即可为其填充渐变；默认情况下，填充黑白的线性渐变，如图 6-47 所示。

激活"渐变工具"后，单击"控制"面板或"渐变"面板上的"径向渐变"按钮■，再在未选中对象上单击，即可为对象填充径向渐变，如图 6-48 所示。完成渐变填充后，使用"径向渐变"在对象上拖曳，可以改变渐变的方向和范围，如图 6-49 所示。

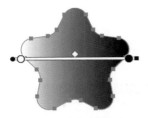
图 6-47　填充线性渐变

图 6-48　填充径向渐变

图 6-49　拖曳改变渐变

1. 渐变批注者

　　创建线性渐变和径向渐变填充后，当单击"渐变工具"时，对象中将显示渐变批注者。渐变批注者是一个滑块，该滑块会显示起点、终点、中点，以及起点和终点对应的两个色标，如图 6-50 所示。

　　选择"查看→隐藏渐变批注者"命令或者"查看→显示渐变批注者"命令，可以完成隐藏或者显示渐变批注者的操作。在线性渐变和径向渐变的批注者中，拖动渐变批注者起点，可以更改渐变的原点位置，如图 6-51 所示。拖动渐变批注者至终点，可以增大或减小渐变的范围，如图 6-52 所示。

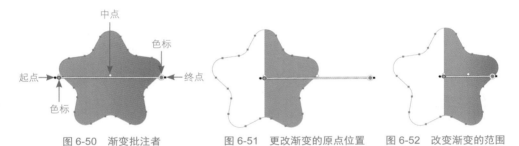

图 6-50　渐变批注者　　　　　图 6-51　更改渐变的原点位置　　　图 6-52　改变渐变的范围

2. 创建"点"形状渐变效果

　　使用"渐变工具"单击"控制"面板中的"任意形状渐变"按钮▣，再在未选中对象上单击，即可为对象添加任意形状的渐变效果。默认情况下，将创建"点"形状的渐变效果，如图 6-53 所示。继续使用相同的方法，可为对象添加多个点色标，如图 6-54 所示。

　　当为对象添加"点"形状渐变填充时，可以在"渐变"面板、"属性"面板或者"控制"面板中的"扩展"下拉列表中设置数值，用来控制渐变的扩展幅度，如图 6-55 所示。

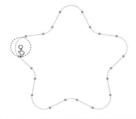
图 6-53　添加点形状的渐变效果

图 6-54　添加多个点色标

图 6-55　设置扩展幅度

　　也可以将光标移至色标范围虚线的滑块上，按下鼠标左键并拖曳，可以调整色标扩展幅度，效果如图 6-56 所示。默认情况下，色标的扩展幅度为 0%。

将光标移至色标虚线范围内，按下鼠标左键并拖曳，可调整其位置，如图 6-57 所示。选中色标后，单击"渐变"面板上的"删除色标"按钮 或者按【Delete】键，如图 6-58 所示，即可删除当前色标。

图 6-56　拖曳调整色标的幅度　　　图 6-57　移动色标　　　　　图 6-58　删除色标

3. 创建"线"形状渐变效果

激活"渐变工具"后，单击"控制"面板或"渐变"面板中的"任意形状渐变"按钮 ，选择"线"模式，如图 6-59 所示。在未选中对象上单击，创建一个色标并向另一个位置移动，此时在移动位置处单击，即可创建第二个色标，两个色标之间以直线连接，如图 6-60 所示。再移动到另一处位置，单击创建第三个色标，连接 3 个色标的线变为曲线，如图 6-61 所示。

图 6-59　选择"线"模式　　　图 6-60　创建第二个色标　　图 6-61　创建第三个色标

双击色标，可以在弹出的面板中修改色标的颜色，如图 6-62 所示。使用相同的方法可以修改每个色标的颜色，如图 6-63 所示。将光标移至对象区域之外，再将其移回到对象中，然后单击任意位置，即可再创建一条单独的直线段，如图 6-64 所示。

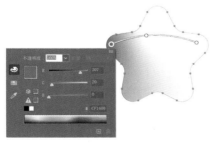  

图 6-62　修改色标颜色　　　图 6-63　修改所有色标颜色　图 6-64　创建单独的直线段

在直线段上单击，即可添加一个色标，按下鼠标左键并拖曳，将直线段调整为曲线，如图 6-65 所示。单击线段的一段，可继续创建色标，将光标移动到另一条线段的色标上单击，即可将两条线段连接，如图 6-66 所示。

图 6-65　在直线段上添加色标　　　　　　图 6-66　连接两个线段

提示

拖动色标可将其放到所需的位置。更改色标位置时，直线段也会相应地缩短或延长，而其他色标的位置保持不变。

6.4.3　编辑渐变

选中填充渐变的对象，单击"渐变"面板上的"编辑渐变"按钮，如图 6-67 所示，也可以激活工具箱中的"渐变工具"，此时可在"渐变"面板中编辑渐变的各个选项，如色标、颜色、角度、不透明度和位置，如图 6-68 所示。

图 6-67　"编辑渐变"按钮　　　　　　图 6-68　编辑渐变的选项

6.4.4　存储渐变预设

用户可以将新建的渐变或修改后的渐变存储到色板中，便于以后使用。单击"渐变"面板渐变框右侧的▼按钮，在弹出的面板中单击"添加到色板"按钮，如图 6-69 所示。

用户也可以将"渐变"面板中的渐变框直接拖曳到"色板"面板上，完成存储渐变的操作，如图 6-70 所示。

 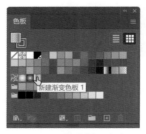

图 6-69　添加到色板　　　　　　图 6-70　拖曳添加渐变

6.4.5　渐变应用与描边

除了可以将渐变应用到对象填充，还可以将线性渐变和径向渐变应用到对象的描边上。选中对象，从"渐变"面板中选择一个渐变效果，单击工具箱底部的描边框或者在"色板"面板、"渐变"面板和"属性"面板中选择描边框。

在"渐变"面板的"描边"选项中有"在描边内应用渐变""沿描边应用渐变""跨描边应用渐变"3 种模式供用户选择，如图 6-71 所示。

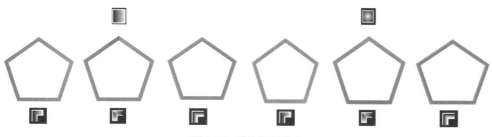

图 6-71　描边渐变模式

> **提示**
>
> 按住【Shift】键的同时依次单击对象或者使用"选择工具"拖曳，框选对象后，使用工具箱中的"吸管工具"单击渐变，可将吸取的渐变应用到所选对象上。

6.5　画笔工具

使用"画笔工具"可以绘制出丰富多彩的图形效果。利用"画笔"面板可以很方便地进行笔触变形和自然笔触路径的切换，使图稿达到类似于手绘的效果，使 Illustrator CC 在平面设计领域艺术作品的创建更加自由灵活。

6.5.1　使用画笔工具

单击工具箱中的"画笔工具"按钮✏️或者按【B】键，将光标移动到画板上，按下鼠标左键拖曳，即可使用"画笔工具"开始绘制。

选择"窗口→画笔"命令或者按【F5】键，弹出"画笔"面板，如图 6-72 所示。用户可以在该面板中选择不同类型的画笔，Illustrator CC 为用户提供了书法、散点、艺术、图案和毛刷 5 种画笔类型。

双击工具箱中的"画笔工具"按

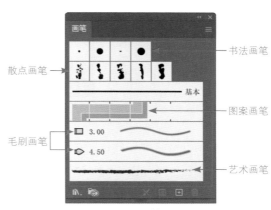

图 6-72　"画笔"面板

图 6-73　"画笔工具选项"对话框

钮，弹出"画笔工具选项"对话框，如图 6-73 所示。用户可以在该对话框中对画笔工具进行更加详细的设置，完成后单击"确定"按钮。

用户可以在"画笔"面板中查看当前文件中的画笔，如图 6-74 所示。同时，Illustrator CC 也提供了很多画笔库供用户使用。选择"窗口→画笔库"命令，在弹出的子菜单中有多个画笔库，如图 6-75 所示。

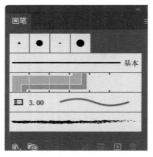

图 6-74　"画笔"面板

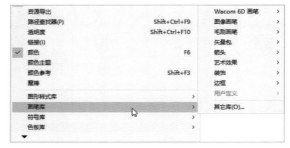

图 6-75　打开画笔库

单击"画板"面板底部的"画笔库菜单"按钮，也可以在弹出的下拉菜单中选择想要使用的画笔库，如图 6-76 所示。图 6-77 所示为"6d 艺术钢笔画笔"画笔库。

可以通过拖曳或者选择画笔库面板菜单中的"添加到画笔"选项，将画笔库面板中的画笔添加到画板中，如图 6-78 所示。

图 6-76　画笔库菜单

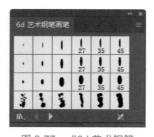

图 6-77　"6d 艺术钢笔
画笔"画笔库

图 6-78　"添加到画笔"选项

无论何时从画笔库中选择画笔，都会自动将其添加到"画笔"面板中，如图 6-79 所示。创建并存储在"画笔"面板中的画笔仅与当前文件相关联，即每个 Illustrator 文件可以在其"画笔"面板中包含一组不同的画笔。

用户可以在"画笔"面板菜单中选择显示或隐藏画笔类型，如图 6-80 所示。当选项前面显示 ✔ 时，该类型笔刷将显示在画笔面板中。

用户可以在"画笔"面板菜单中选择"缩览图视图"或者"列表视图"选项，如图 6-81 所示。让画笔采用缩览图或列表的形式显示在画板中，图 6-82 所示为列表形式显示效果。

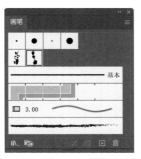

图 6-79　添加到"画笔"面板中　　图 6-80　显示或隐藏画笔类型　　图 6-81　"画笔"面板菜单

将光标移动到要复制的画笔上，按下鼠标左键拖曳到"画笔"面板底部的"新建画笔"按钮 ⊡ 上或者在"画布"面板菜单中选择"复制画笔"选项，即可完成复制画笔的操作，如图 6-83 所示。

选中要删除的画笔，单击"画笔"面板底部的"删除画笔"按钮 🗑 或者在"画布"面板菜单中选择"删除画笔"选项，即可完成删除画笔的操作，如图 6-84 所示。

图 6-82　列表形式显示效果　　　图 6-83　复制画笔　　　　图 6-84　删除画笔

提示

存储文件前，选择"画笔"面板菜单中的"选择所有未使用的画笔"选项，选中当前文件中所有未使用的画笔，单击"删除画笔"按钮将其全部删除。这样既可以精简工作内容，又可以减小文件体积。

6.5.2　应用和删除画笔描边

用户可以将画笔描边应用到使用任何绘图工具创建的路径上。选择路径，如图 6-85

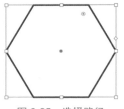

图 6-85 选择路径

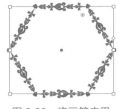

图 6-86 将画笔应用到路径上

所示。然后从画笔库、"画笔"面板或者"控制"面板中选择一种画笔，即可将画笔应用到所选路径上，效果如图 6-86 所示。

选择一条使用画笔绘制的路径，单击"画笔"面板上的"移去画笔描边"按钮 ⊠，如图 6-87 所示。或者选择"画笔"画板菜单中的"移去画笔描边"选项，如图 6-88 所示。即可将选中路径上的画笔描边删除。

选中一条用画笔绘制的路径，选择"对象→扩展外观"命令，即可将画笔描边转换为轮廓路径，如图 6-89 所示，"扩展外观"命令会将路径中的组件置入一个组中，组中有一条路径和一个包含画笔轮廓的子组。

图 6-87 "移去画笔描边"按钮

图 6-88 "移去画笔描边"选项

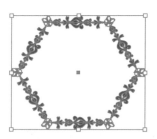

图 6-89 扩展外观后的组

6.5.3 创建和修改画笔

用户可以根据需要创建和自定义书法画笔、散点画笔、艺术画笔、图案画笔和毛刷画笔。如果想要创建散点、艺术和图案画笔，首先需要创建图稿。创建图稿时应遵循的规则包括图稿不能包含渐变、混合、其他画笔描边、网格对象、位图图像、图表、置入

图 6-90 "新建画笔"对话框

图 6-91 "新建画笔"对话框

文件和蒙版等内容；对于艺术画笔和图案画笔，图稿中不能包含文字，如果要实现包含文字的画笔描边效果，需要先创建文字轮廓，然后使用该轮廓创建画笔；对于图案画笔，最多可以创建 5 种图案拼贴，并需要将拼贴添加到"色板"面板中。

单击"画笔"面板底部的"新建画笔"按钮 ⊡，弹出"新建画笔"对话框，如图 6-90 所示。如果选中图稿

或者将图稿直接拖曳到"画笔"面板中，弹出的对话框中所有画笔类型都为可选状态，如图 6-91 所示。

1. 创建书法画笔

选择"新建画笔"对话框中的"书法画笔"单选按钮，单击"确定"按钮，弹出"书法画笔选项"对话框，如图 6-92 所示。在"名称"文本框中输入画笔名称，设置画笔选项后，单击"确定"按钮，完成书法画笔的创建。

2. 创建散点画笔

选择"新建画笔"对话框中的"散点画笔"单选按钮，单击"确定"按钮，弹出"散点画笔选项"对话框，如图 6-93 所示。在"名称"文本框中输入画笔名称，设置画笔选项后，单击"确定"按钮，完成散点画笔的创建。

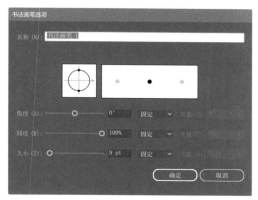

图 6-92　"书法画笔选项"对话框

单击"散点画笔选项"对话框中的"提示"按钮 🔘，弹出"着色提示"对话框，如图 6-94 所示。用户可以根据提示内容，完成画笔绘制的着色处理。

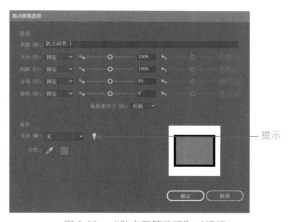

图 6-93　"散点画笔选项"对话框

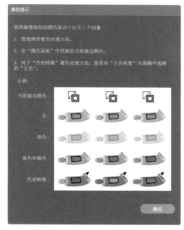

图 6-94　"着色提示"对话框

3. 创建图案画笔

选择"新建画笔"对话框中的"图案画笔"单选按钮，单击"确定"按钮，弹出"图案画笔选项"对话框，如图 6-95 所示。在"名称"文本框中输入画笔名称，设置画笔选项后，单击"确定"按钮，完成图案画笔的创建。

4. 创建毛刷画笔

选择"新建画笔"对话框中的"毛刷画笔"单选按钮，单击"确定"按钮，弹出"毛刷画笔选项"对话框，如图 6-96 所示。在"名称"文本框中输入画笔名称，设置画笔选项后，单击"确定"按钮，完成毛刷画笔的创建。

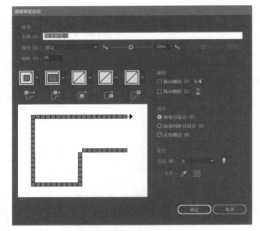 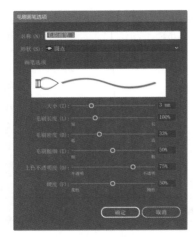

图 6-95　"图案画笔选项"对话框　　　　　图 6-96　"毛刷画笔选项"对话框

5. 创建艺术画笔

选择"新建画笔"对话框中的"艺术画笔"单选按钮，单击"确定"按钮，弹出"艺术画笔选项"对话框，如图 6-97 所示。在"名称"文本框中输入画笔名称，设置画笔选项后，单击"确定"按钮，完成艺术画笔的创建。

在"画笔缩放选项"选项组中选择"在参考线之间伸展"单选按钮，并且在对话框的预览部分中调整参考线。此类画笔也被称为分段艺术画笔，图 6-98 所示为分段艺术画笔和非分段艺术画笔的对比效果。

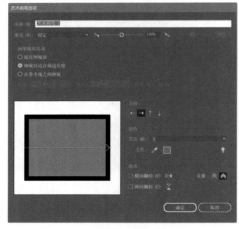 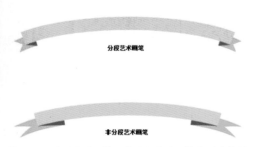

图 6-97　"艺术画笔选项"对话框　　　　图 6-98　分段艺术画笔和非分段艺术画笔的对比效果

6.5.4　案例操作——创建并应用图案画笔

源文件：视频 / 第 6 章 / 创建并应用图案画笔
操作视频：视频 / 第 6 章 / 创建并应用图案画笔

Step01 新建一个 Illustrator 文件。使用矩形工具在画板中绘制一个矩形并复制两个，分别设置不同的填充色，效果如图 6-99 所示。

Step02 使用矩形工具在矩形上绘制一个矩形并拖曳调整为圆角矩形，如图 6-100 所示。使用"椭圆工具"绘制如图 6-101 所示的椭圆。

 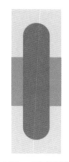 

图 6-99　创建 3 个正方形　　图 6-100　创建圆角矩形　　　　　　图 6-101　绘制椭圆

Step03 使用"直线段工具"和"宽度工具"绘制如图 6-102 所示的图形。使用"椭圆工具"绘制两个椭圆，并调整位置，如图 6-103 所示。

图 6-102　绘制嘴巴　　　　　　　　　　　图 6-103　绘制椭圆

Step04 使用"椭圆工具"和"矩形工具"在底部绘制椭圆和矩形，如图 6-104 所示。复制并水平翻转，效果如图 6-105 所示。

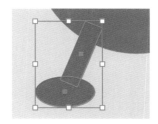 

图 6-104　绘制椭圆和矩形　　　　　　　图 6-105　复制并水平翻转图形

Step05 继续使用"矩形工具"绘制绘制一个圆角矩形，效果如图 6-106 所示。拖曳选中中间的矩形和两个圆角矩形，单击"路径查找器"对话框中的"分割"按钮，如图 6-107 所示。

Step06 选择"对象→取消编组"命令，删除多余对象并调整排列顺序，效果如图 6-108 所示。分别将 3 部分编组，效果如图 6-109 所示。

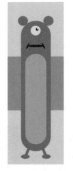

图 6-106   绘制圆角矩形

图 6-107   分割对象

图 6-108   取消编组

Step07 选中所有图形对象，拖曳调整为水平，效果如图 6-110 所示。分别将 3 个组拖曳到"色板"面板中创建为图案色板，如图 6-111 所示。

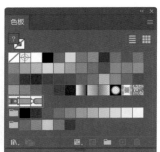

图 6-109   编组对象   图 6-110   调整对象为水平   图 6-111   "色板"面板

Step08 单击"画笔"面板底部的"新建画笔"按钮，在弹出的"新建画笔"对话框中进行设置，如图 6-112 所示。单击"确定"按钮，弹出"图案画笔选项"对话框，将画笔设置为"小怪兽"并分别选择对应的图案色板，如图 6-113 所示。

Step09 单击"确定"按钮，完成图案画笔的创建。使用"画笔工具"选择"小怪兽"画笔，在画板中拖曳绘制，效果如图 6-114 所示。

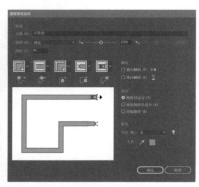

图 6-112   "新建画笔"   图 6-113   "图案画笔选项"对话框   图 6-114   画笔绘制效果
对话框

6.6　斑点画笔工具

使用"斑点画笔工具"可绘制有填充颜色、无描边颜色的形状，以便与具有相同颜色的其他形状进行交叉和合并。

单击工具箱中的"斑点画笔工具"按钮，将光标移动到画板中，按下鼠标左键拖曳，即可使用"斑点画笔工具"绘制有填充颜色、无描边颜色的路径，如图 6-115 所示。保持相同的填充样式且描边颜色为"无"，继续沿着已经绘制完成的对象绘制，新绘制的图形将与原来的图形合并，如图 6-116 所示。

图 6-115　有填充颜色、无描边颜色的路径　　　　图 6-116　合并图形效果

提示

使用其他工具创建的图稿，如果需要使用"斑点画笔工具"继续绘制合并路径，需要原图稿不包含描边，将"斑点画笔工具"设置成相同的填充颜色。带有描边的图稿无法合并。

如果要对"斑点画笔工具"应用上色属性（如效果或透明度），需要先激活"斑点画笔工具"，然后在"外观"面板中设置各种属性后，即可绘制带有各种上色属性的图稿，图 6-117 所示为应用了"投影"效果的路径。

双击工具箱中的"斑点画笔工具"按钮，弹出"斑点画笔工具选项"对话框，如图 6-118 所示。用户可在该对话框中为"斑点画笔工具"设置更加详细的参数，完成后单击"确定"按钮。

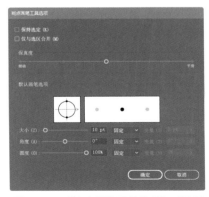

图 6-117　应用了"投影"效果的路径　　　　图 6-118　"斑点画笔工具选项"对话框

6.7　橡皮擦工具

Illustrator CC 为用户提供了路径橡皮擦工具和橡皮擦工具两种橡皮擦工具。使用橡皮擦工具可以擦除图稿的一部分。使用路径橡皮擦工具沿路径进行绘制，可以抹除此路径的各个部分。使用橡皮擦工具可以擦除图稿的任何区域，而不管图稿的结构如何。

图 6-119　沿路径拖曳　图 6-120　擦除路径效果

6.7.1　使用路径橡皮擦工具

选中要擦除的对象，单击工具箱中的"路径橡皮擦工具"按钮 ，将光标移动到对象路径上，按下鼠标左键沿要擦除的路径拖曳，如图 6-119 所示。鼠标经过的路径被擦除，如图 6-120 所示。

6.7.2　使用橡皮擦工具

选中要擦除的对象，如果想要擦除画板中的任何对象，需要让所有对象都处于未选定状态。单击工具箱中的"橡皮擦工具"按钮 ，将光标移动到想要擦除的位置，按下鼠标左键拖曳，即可擦除涂抹位置的填充和描边，如图 6-121 所示。

按住【Shift】键拖曳，将在垂直、水平或者对角线方向限制橡皮擦工具的操作，如图 6-122 所示。按住【Alt】键的同时拖曳，将擦除拖曳创建的方形区域中的内容，如图 6-123 所示。按【Alt+Shift】组合键的同时并拖曳，将擦除正方形区域中的内容，如图 6-124 所示。

图 6-121　橡皮擦工具　图 6-122　限制橡皮擦　图 6-123　擦除方形区域　图 6-124　擦除正方形区域

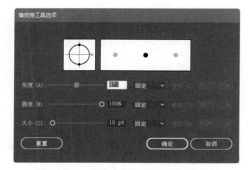

图 6-125　"橡皮擦工具选项"对话框

6.7.3　橡皮擦工具选项

双击工具箱中的"橡皮擦工具"按钮，弹出"橡皮擦工具选项"对话框，如图 6-125 所示。用户可在该对话框中为"橡皮擦工具"设置更加详细的参数，完成后单击"确定"按钮。

6.8 透明度和混合模式

选择"窗口→透明度"命令，弹出"透明度"面板，如图 6-126 所示。使用该面板可为对象指定不透明度和混合模式，创建不透明蒙版，或者使用透明对象的上层部分挖空某个对象的局部。单击"面板菜单"按钮 ，弹出面板菜单列表，如图 6-127 所示。

选择"隐藏缩览图"选项，即可隐藏面板中的缩览图，如图 6-128 所示。再次选择该选项，将显示缩览图。选择"隐藏选项"选项，将隐藏面板底部的选项，如图 6-129 所示。再次选择该选项，将显示选项。

图 6-126 "透明度"面板

图 6-127 面板菜单列表

图 6-128 隐藏缩览图

图 6-129 隐藏选项

提示

选择"视图→显示透明度网格"命令，将使用透明网格显示画板背景，有利于观察图稿中的透明区域。用户也可以更改画板的颜色，用来模拟图稿在彩色纸上的打印效果。

6.8.1 更改图稿不透明度

用户可以更改单个对象、一个组或者图层中所有对象的不透明度，也可以针对一个对象的填充或描边的不透明度进行更改。

选择一个对象或组，如图 6-130 所示，或者选择"图层"面板中的一个图层，拖曳"透明度"面板中的"不透明度"滑块或者在"不透明度"文本框中输入数值，如图 6-131 所示，即可完成不透明度的更改，如图 6-132 所示。

图 6-130 选择对象或组

图 6-131 拖曳"不透明度"滑块

图 6-132 修改不透明度效果

如果选择一个图层中的多个单个对象并改变其不透明度设置，则选中对象重叠区域的透明度会相对于其他对象发生改变，同时会显示出累积的不透明度，如图 6-133 所示。

如果定位一个图层或组，然后改变其不透明度，则图层或组中的所有对象都被视为单一对象来处理。只有位于图层或组外面的对象及其下方的对象可以通过透明对象显示出来，如图 6-134 所示。如果某个对象被移入此图层或组，它就会具有此图层或组的不透明度设置，而如果某一对象被移出，则其不透明度设置也将被去掉，不再保留。

图 6-133　设置单个
对象不透明度

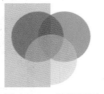
图 6-134　设置图层
不透明度

6.8.2　创建透明度挖空组

通过设置透明挖空组，使组中设置了不透明度的元素不能透过彼此显示。选择多个对象，右击，在弹出的快捷菜单中选择"编组"命令，即可将选中的对象编组，效果如图 6-135 所示。选中"透明度"面板中的"挖空组"复选框，对象组效果如图 6-136所示。

图 6-135　编组对象

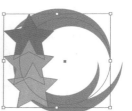
图 6-136　"挖空组"效果

6.8.3　使用不透明蒙版

可以使用不透明蒙版和蒙版对象来更改图稿的透明度。可以透过不透明蒙版（也称为被蒙版的图稿）提供的形状来显示其他对象。

蒙版对象定义了透明区域和透明度，可以将任何图形或栅格图像作为蒙版对象。**Illustrator CC** 使用蒙版对象中颜色的等效灰度来表示蒙版中的不透明度。如果不透明蒙版为白色，则会完全显示图稿。如果不透明蒙版为黑色，则会隐藏图稿。蒙版中的灰阶会导致图稿中出现不同程度的透明度。

选择至少两个对象或组，如图 6-137 所示。再选择"透明度"面板菜单中的"建立不透明蒙版"选项，最上方的选中对象或组将用作蒙版，效果如图 6-138 所示。

图 6-137　选择对象

图 6-138　建立不透明蒙版效果

6.8.4 编辑蒙版对象

用户可以编辑蒙版对象以更改蒙版的形状或透明度。单击"透明度"面板中蒙版对象的缩览图,即可进入蒙版编辑状态。此时可以使用任何 Illustrator CC 编辑工具和方法编辑蒙版。

按住【Alt】键的同时单击蒙版缩览图,将隐藏文档窗口中除蒙版对象以外的其他图稿。单击"透明度"面板中被蒙版的图稿缩览图,即可退出蒙版编辑模式。

创建不透明蒙版后,蒙版与被蒙版对象默认为链接状态,"透明度"面板中的链接图标为选中状态 ⑧,如图 6-139 所示。此时如果移动蒙版,被蒙版图稿将一起被操作。

单击链接按钮 ⑧ 或在面板菜单中选择"取消链接不透明蒙版"选项,将取消蒙版和被蒙版图稿的链接关系,即可分别对两者进行操作,如图 6-140 所示。再次单击链接按钮或者在面板菜单中选择"链接不透明蒙版"选项,即可重新链接不透明蒙版。

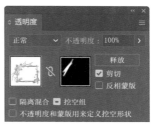

图 6-139 链接状态　　　　　　　　图 6-140 未链接状态

停用蒙版可以删除它所创建的透明度。按住【Shift】键的同时,单击"透明度"面板中蒙版对象的缩览图或者选择面板菜单中的"停用不透明蒙版"选项,即可停用不透明蒙版。"透明度"面板中的蒙版缩览图上会显示一个红色的 × 符号,如图 6-141 所示。

按住【Shift】键的同时再次单击蒙版对象的缩览图或者选择面板菜单中的"启用不透明蒙版"选项,即可重新激活不透明蒙版,如图 6-142 所示。

图 6-141 停用不透明蒙版　　　　　　图 6-142 重新激活不透明蒙版

单击"透明度"面板上的"释放"按钮或者选择面板菜单中的"释放不透明蒙版"选项,即可删除不透明蒙版,如图 6-143 所示。蒙版对象将重新出现在蒙版的对象上方。

使用"透明度"面板底部的"不透明度和蒙版用来定义挖空形状"选项可创建与对象不透明度成比例的挖空效果。在接近 100% 不透明度的蒙版区域中,挖空效果较强;在具有较低不透明度的区域中,挖空效果较弱。

图 6-143　删除不透明蒙版

如果使用渐变蒙版对象作为挖空对象，则会逐渐挖空底层对象，就好像它被渐变遮住一样。用户可以使用矢量和栅格对象来创建挖空形状。该技巧对于未使用"正常"模式而是使用混合模式的对象最为有用。

6.9　本章小结

本章主要讲解了 Illustrator CC 的基本绘画功能，以及 Illustrator CC 中绘画的基本功能和工具。还详细讲解了填色和描边、"描边"画板、渐变填充、画笔工具和透明度的使用方法和技巧。帮助读者快速掌握使用 Illustrator CC 的各种绘画技能。

第 7 章
绘画的高级操作

用户除了可以使用 Illustrator 的绘画功能完成各种绘画作品，还可以通过图像描摹将位图直接转换为矢量图，使用网格对象绘制效果逼真的画稿，通过创建并应用图案和符号，绘制大量相同图形。本章将针对图像描摹、网格对象、图案、符号、液化变形工具和使用 3D 效果进行讲解。用户还可以使用 3D 效果制作出三维的图形效果，也可以通过利用透视网格工具完成具有三维空间感的图形，增加设计的艺术性和独特性。本章将针对 3D 效果和透视网格工具进行讲解，帮助读者进一步了解 Illustrator 的绘图技巧。

本章知识点

（1）掌握使用图像描摹的方法。
（2）掌握使用网格对象的方法。
（3）掌握创建与编辑图案的方法。
（4）掌握使用符号的方法。
（5）掌握液化变形工具的使用方法。
（6）掌握使用 3D 效果。
（7）掌握使用透视网格。

7.1 图像描摹

使用"图像描摹"功能，可以将栅格图像（JPEG、PNG、PSD 等）转换为矢量图稿。例如，使用"图像描摹"将已在纸面上画出的铅笔素描图像转换为矢量图稿。用户可以从一系列描摹预设中选择一种预设来快速获得所需结果。

7.1.1 描摹图像

在 Illustrator CC 文档中打开或置入一张位图，效果如图 7-1 所示。选择"对象→图像描摹→创建"命令或者单击"控制"面板上的"图像描摹"按钮，如图 7-2 所示。

图 7-1　打开或置入一张位图

图 7-2 选择命令或单击"图像描摹"按钮

　　用户可以单击"控制"面板上"图像描摹"按钮右侧的⌄按钮，或者选择"窗口→图像描摹"命令，在弹出的"图像描摹"面板中单击"预设"按钮，在弹出的下拉面板中选择一个预设，如图 7-3 所示。

提示

　　图像描摹的速度受置入图像的分辨率影响。图像分辨率越高，描摹速度越慢。选中"图像描摹"面板中的"预览"复选框，方便查看修改后的效果。

　　选中描摹后的对象，选择"对象→图像描摹→扩展"命令，可以将描摹对象转换为路径，如图 7-4 所示。此时，用户可以手动编辑矢量图稿，如图 7-5 所示。

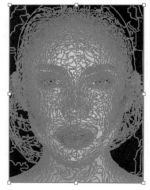

图 7-3 描摹预设　　　　　　　　　　　　图 7-4 将描摹对象转换为路径

　　选择描摹后的对象，"图像描摹"面板中的选项变为可用状态，如图 7-6 所示。单击
"高级"标签旁边的下三角按钮，可显示更多选项，如图 7-7 所示。

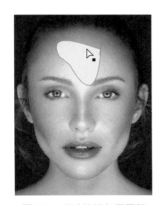

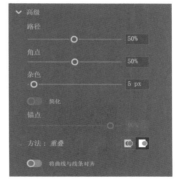

图 7-5　手动编辑矢量图稿　　　图 7-6　"图像描摹"面板　　　图 7-7　"高级"选项

7.1.2　案例操作——使用图像描摹制作头像徽章

源文件：视频 / 第 7 章 / 图像描摹制作头像徽章
操作视频：视频 / 第 7 章 / 图像描摹制作头像徽章

Step 01　新建一个 Illustrator 文件。选择"文件→置入"命令，将素材"701.jpg"文件
置入到画板中，如图 7-8 所示。选择"窗口→图像描摹"命令，弹出"图像描摹"对话
框并设置相应参数，如图 7-9 所示。描摹效果如图 7-10 所示。

图 7-8　置入图像素材　　　图 7-9　"图像描摹"对话框　　　图 7-10　图像效果

Step 02　单击"控制"面板上的"扩展"按钮，图像效果如图 7-11 所示。使用"魔棒

图 7-11　扩展图像效果　　图 7-12　图像效果

工具"单击图像上白色区域，按【Delete】键将选中的白色删除，效果如图 7-12 所示。

Step03 使用"椭圆工具"在画板中绘制一个椭圆，拖曳选中所有图形，选择"对象→剪切蒙版→建立"命令，效果如图 7-13 所示。双击画布，进入隔离模式，选中"颜色"面板菜单中的"RGB（R）"命令，修改图形的颜色，效果如图 7-14 所示。

Step04 双击剪切蒙版图像，为原型设置描边色，效果如图 7-15 所示。

图 7-13　建立剪切蒙版　　　图 7-14　修改填充色　　　图 7-15　修改描边色

7.1.3　存储预设

用户可以将设置的描摹参数保存为预设，以供以后再次使用。单击"图像描摹"面板"预设"选项后面的▤图标，在弹出的下拉列表中选择"存储为预设"选项，如图 7-16 所示。将弹出"存储图像描摹预设"对话框，设置预设"名称"，如图 7-17 所示。单击"确定"按钮，存储的预设将出现在预设列表中，如图 7-18 所示。

图 7-16　存储为预设　　　图 7-17　"存储图像描摹预设"对话框　　　图 7-18　"预设"下拉列表

7.1.4　编辑和释放描摹对象

当描摹结果达到预期后，可以将描摹对象转换为路径以便于像处理其他矢量图稿一样，处理描摹结果。当转换描摹对象后，不能再调整描摹选项。

选择完成的描摹对象，单击"控制"面板或者"属性"面板中的"扩展"按钮，或者选择"对象→图像描摹→扩展"命令，如图 7-19 所示，即可将描摹对象扩展为路径。

图 7-19　扩展描摹对象

扩展后的路径会组合在一起，选择"对象→取消编组"命令或者单击"属性"面板上的"取消编组"按钮，即可将路径组合分离为单个路径。

描摹的路径通常会比较复杂，存在很多多余的锚点，可以通过选择"对象→路径→简化"命令，删除多余的锚点，简化路径，如图 7-20 所示。

选择"对象→图像描摹→恢复到原始图像"命令，如图 7-21 所示。可以放弃描摹操作，将图像恢复为最初置入的效果。

图 7-20　未简化路径与简化路径效果

图 7-21　恢复到原始图像

7.2　使用网格对象

网格对象是一种多色对象，其上的颜色可以沿不同方向顺畅分布且从一点平滑过渡到另一点，如图 7-22 所示。

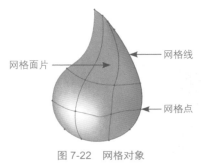

网格面片

网格线

网格点

图 7-22　网格对象

创建网格对象时，将会有多条线（称为网格线）交叉穿过对象，这为处理对象上的颜色过渡提供了一种简便方法。通过移动和编辑网格线上的点，可以更改颜色的变化强度，或者更改对象上的着色区域范围。

在两条网格线相交处有一种特殊的锚点，称为网格点。网格点以菱形显示，且具有锚点的所有属性，只是增加了接受颜色的功能。可以添加、删除和编辑网格点，或更改与每个网格点相关联的颜色。

7.2.1　创建网格对象

用户可以基于矢量对象（复合路径和文本对象除外）来创建网格对象。无法通过链接的图像来创建网格对象。

1. 使用"网格工具"创建网格对象

在画板中创建一个黑色的矩形，再使用"选择工具"单击画板空白处。单击工具箱

图 7-23　添加网格点

图 7-24　继续添加网格点

中的"网格工具"按钮，单击填色颜色框，为该网格点选择填充颜色。将光标移动到需要创建网格的对象上，单击即可创建一个网格点，如图 7-23 所示。将光标移动到对象的其他位置单击，继续添加其他网格点，如图 7-24 所示。

> **提示**
>
> 按住【Shift】键的同时单击，可添加网格点而不改变当前的填充颜色。如果对象为选中状态，则应该添加完网格点后，再改变网格点的颜色。

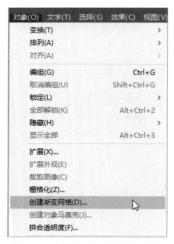

图 7-25　"创建渐变网格"命令

2. 使用命令创建网格对象

选择要创建为网格对象的对象，选择"对象→创建渐变网格"命令，如图 7-25 所示，弹出"创建渐变网格"对话框，如图 7-26 所示。设置各项参数后，单击"确定"按钮，即可完成渐变网格的创建。

用户也可以将渐变填充对象转换为网格对象，继续对其进行编辑。选择渐变填充对象，选择"对象→扩展"命令，在弹出的"扩展"对话框中选择"渐变网格"单选按钮，如图 7-27 所示。单击"确定"按钮，即可将渐变填充对象转换为渐变网格对象，如图 7-28 所示。

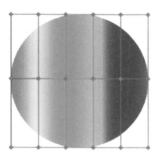

图 7-26　"创建渐变网格"对话框　　图 7-27　"扩展"对话框　　图 7-28　渐变填充对象转换为
渐变网格对象

7.2.2　案例操作——使用网格工具绘制渐变图标

源文件：视频 / 第 7 章 / 使用网格工具绘制渐变图标
操作视频：视频 / 第 7 章 / 使用网格工具绘制渐变图标

Step 01 新建一个 Illustrator 文件。使用"矩形工具"在画板中绘制一个与画板等大的矩形，并设置填充色为 RGB(25、38、74)、描边色为"无"。选中矩形，按【Ctrl+2】组合键锁定对象。使用"椭圆工具"在画板中绘制一个填充色为白色，描边色为"无"的圆形，如图 7-29 所示。

Step 02 单击工具箱中的"变形工具"按钮，将光标移动到圆形上拖曳，效果如图 7-30 所示。使用"平滑工具"简化路径，效果如图 7-31 所示。

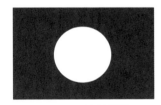

图 7-29　绘制圆形　　　　　图 7-30　调整图形轮廓　　　　图 7-31　平滑图形路径

Step 03 使用"网格工具"在图形上单击，创建如图 7-32 所示的网格。使用"套索工具"拖曳选中图形左侧边缘的锚点并修改填充色为 RGB(250、200、30)，效果如图 7-33 所示。

Step 04 继续使用相同的方法，为其他锚点设置填充色，效果如图 7-34 所示。

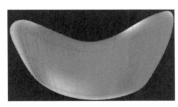

图 7-32　创建网格　　　　　图 7-33　修改填充色　　　　　图 7-34　为其他锚点设置填充色

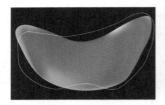
图 7-35　调整图形效果

图 7-36　输入文字

Step 05 使用"椭圆工具"绘制一个填充色为"无"、描边色为白色的圆形，并使用"变形工具"调整形状如图 7-35 所示。使用"文本工具"在画板中单击并输入文字，效果如图 7-36 所示。

7.2.3　编辑网格对象

用户可以使用多种方法编辑网格对象，完成添加、删除和移动网格点，更改网格点、网格面片的颜色及将网格对象恢复为常规对象等操作。

单击工具箱中的"网格工具"按钮，为其选择填充颜色后，在网格对象上任意位置单击，即可添加一个网格点。

按住【Alt】键的同时，使用"网格工具"单击网格点，即可将该网格点删除。

使用"网格工具"或者"直接选择工具"，将光标移动到想要移动的锚点上，单击并拖曳即可移动网格点位置。按住【Shift】键的同时移动网格点，可将该网格点始终保持在网格线上，避免移动网格点造成网格发生扭曲，如图 7-37 所示。

选择网格对象，将"颜色"面板或"色板"面板中的颜色拖到该点或面片上，即可更改网格点或网格面片的颜色。也可以先取消选择所有对象，然后选择一种填充颜色。选择网格对象，使用"吸管工具"将填充颜色应用于网格点或网格面片，如图 7-38 所示。

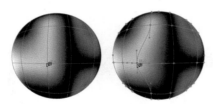
图 7-37　将网格点在网格线上移动

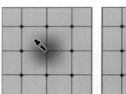
图 7-38　使用"吸管工具"将颜色应用到网格点或网格面片上

用户可以为渐变网格设置不透明度，达到透明效果，用户可以为整个网格对象或者单个网格节点指定不透明度值。

使用"直接选择工具"选择渐变网格中的一个网格点，如图 7-39 所示。拖曳"透明度"面板上的"不透明度"滑块，使其不透明度为 0%，如图 7-40 所示。渐变网格透明效果如图 7-41 所示。

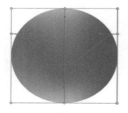
图 7-39　选择一个网格点

图 7-40　设置不透明度为 0%

图 7-41　渐变网格透明效果

7.3　创建与编辑图案

　　Illustrator CC 为用户提供了很多图案，用户可以通过"色板"面板查看或使用这些图案，如图 7-42 所示。用户也可以自定义现有图案或使用 Illustrator 工具从头开始设计图案。

　　选中想要应用图案的对象，如图 7-43 所示。单击"色板"面板中的图案，即可将图案应用到对象上，如图 7-44 所示。

图 7-42　选择一个网格点

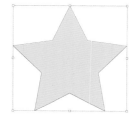

图 7-43　设置不透明度为 0%

图 7-44　渐变网格透明效果

7.3.1　创建图案

　　选择想要创建为图案的对象，选择"对象→图案→建立"命令，如图 7-45 所示，弹出"图案选项"面板，如图 7-46 所示。在面板中设置各项参数，完成图案的创建。

图 7-45　选择"建立"命令

图 7-46　"图案选项"面板

> **提示**
>
> 　　图案中包含的符号、效果、增效工具组、签入的图案、内侧/外侧对齐的描边或图表，在存储时将会被自动扩展。再次编辑该图案时，扩展的内容将不再是现用的。

7.3.2 案例操作——定义图案制作鱼纹图形

源文件：视频 / 第 7 章 / 定义图案制作鱼纹图形
操作视频：视频 / 第 7 章 / 定义图案制作鱼纹图形

Step01 新建一个 Illustrator 文件。使用"椭圆工具"在画板中绘制一个填充色为"无"、描边色为黑色的圆形，如图 7-47 所示。按【Ctrl+C】组合键复制对象，按【Ctrl+F】组合键粘贴到前面，缩小其大小，如图 7-48 所示。

Step02 选择"对象→混合→混合选项"命令，在弹出的"混合选项"对话框中进行设置，如图 7-49 所示。单击"确定"按钮，拖曳选中两个圆形，选择"对象→混合→建立"命令，效果如图 7-50 所示。

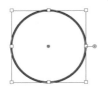
图 7-47 "混合选项"对话框

图 7-48 混合效果

图 7-49 绘制圆形

图 7-50 复制并缩小对象

Step03 选择"对象→扩展"命令，弹出"扩展"对话框，如图 7-51 所示。单击"确定"按钮，将混合对象扩展。选择"对象→取消编组"命令，将对象取消编组。

Step04 按住【Alt】键的同时拖曳复制两个圆形，如图 7-52 所示。拖曳选中所有图形，单击"路径查找器"面板中的"分割"按钮，如图 7-53 所示。

图 7-51 "扩展"对话框

图 7-52 复制图形

图 7-53 单击"分割"按钮

图 7-54 完成图案的创建

Step05 选中多余的图形，按【Delete】键将其删除，图形效果如图 7-54 所示。选中绘制的图形，选择"对象→图案→建立"命令，设置弹出的"图案选项"对话框，如图 7-55 所示。

Step06 单击"完成"按钮，完成图案的创建。选中并删除画板中的图形。使用"矩形工具"绘制一个矩形，单击"画板"面板中新建的图案画板，填充效果如图 7-56 所示。

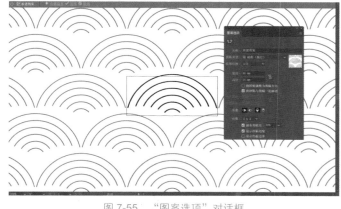

图 7-55 "图案选项"对话框

图 7-56 图案填充效果

7.3.3 编辑图案

双击"色板"面板中想要编辑的图案或者选择包含想要编辑图案的对象，选择"对象→图案→编辑图案"命令，如图 7-57 所示。在弹出的"编辑图案"对话框中完成编辑图案的操作。

新建的图案和图案副本都将被添加到"色板"面板中，如图 7-58 所示。如果编辑了某个图案，则该图案的定义将在"色板"面板中更新。

图 7-57 "编辑图案"命令

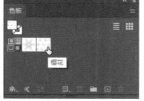

图 7-58 "色板"面板

7.4 使用符号

符号是在文档中可重复使用的图稿对象。例如，创建一个星星符号，可将该符号的实例多次添加到图稿中，而无须实际多次绘制复杂图稿。每个符号实例都链接到"符号"面板中的符号或符号库。使用符号可以节省制作时间并显著减小文件大小。

7.4.1 创建符号

符号可以在 Illustrator CC 文档中重复使用，当图稿中需要多次使用同一个图形对象时，使用符号可以节省创作的时间，并能够减少文档的大小，而且符号还支持 SWF 和 SVG 格式输出，在创建动画时也非常有用。

Illustrator CC 可以创建动态符号和静态符号。静态符号即符号及其所有实例在一个图稿内始终保持一致。动态符号允许在其实例中使用外观覆盖，同时完整保留它与主符号的关系，使得符号变得更加强大。

提示

静态符号与动态符号在画板中实际没有明显区别，只是在"符号"面板中，动态符号的图标右下角会显示一个＋号，静态符号则没有。

1. 使用"符号"面板置入符号

选择"窗口→符号"命令，打开"符号"面板，如图 7-59 所示。将光标置于面板中的符号上，单击并拖曳将其移动到画板中，即可置入相应的符号，如图 7-60 所示。

图 7-59 "符号"面板

图 7-60 拖曳置入符号

选中"符号"面板中的符号，单击面板底部的"置入符号实例"按钮 ，也可以将选中符号置入画板中，如图 7-61 所示。单击"符号"面板右上角的面板菜单按钮 ，在弹出的面板菜单中选择"放置符号实例"选项，即可将选中符号放置到画板中，如图 7-62 所示。

图 7-61 置入符号实例

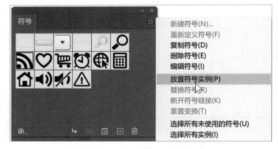

图 7-62 "放置符号实例"选项

2. 编辑符号

双击"符号"面板中的任意符号，进入"符号编辑模式"，修改画板中符号的颜色，效果如图 7-63 所示。单击文档顶部"退出符号编辑模式"按钮 ，画板上所有关联符号的颜色都会发生变化，效果如图 7-64 所示。

图 7-63 编辑符号

图 7-64 所有关联符号都发生变化

用户可以在"符号"面板菜单中选择缩览图视图、小列表视图和大列表视图 3 种符号显示方式,如图 7-65 所示。选择"缩览图视图"选项,将显示符号缩览图;选择"小列表视图"选项,将显示带有小缩览图的命名符号列表,如图 7-66 所示。选择"大列表视图"选项,将显示带有大缩览图的命名符号列表,如图 7-67 所示。

图 7-65　3 种符号显示方式　　　图 7-66　小列表视图　　　图 7-67　大列表视图

3. 使用"符号喷枪工具"创建符号

选中"符号"面板中的"收藏"符号,如图 7-68 所示。单击工具箱中的"符号喷枪工具"按钮 ,在画板中单击即可创建一个符号,如图 7-69 所示。多次单击可创建多个符号,如图 7-70 所示。

图 7-68　选中"收藏"符号　　　图 7-69　创建符号　　　图 7-70　创建多个符号

选中"符号"面板中的其他符号,继续在画板中单击创建符号,如图 7-71 所示。使用"符号喷枪工具"创建的符号会自动编组,称为符号集或符号组。用户也可以使用"符号喷枪工具"在画板中拖曳创建符号组,效果如图 7-72 所示。

图 7-71　创建符号组　　　　　　图 7-72　拖曳创建符号组

4. 使用"新建符号"创建符号

Illustrator CC 允许用户将绘制的图稿转换为符号。选择要用作符号的图稿,如

图 7-73 所示。单击"符号"面板底部的"新建符号"按钮,如图 7-74 所示,弹出"符号选项"对话框,如图 7-75 所示。

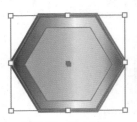

图 7-73 选中图稿

图 7-74 "新建符号"按钮

图 7-75 "符号选项"对话框

在对话框中设置符号名称和类型后,单击"确定"按钮,即可完成新建符号的操作,新建的符号将显示在"符号"面板最后一格的位置,如图 7-76 所示。

选中并拖曳画板中的图稿到"符号"面板中或选择面板菜单中的"新建符号"选项,也可以完成将图稿转换为符号的操作,如图 7-77 所示。

图 7-76 新建符号效果

图 7-77 新建符号的操作

7.4.2 使用符号库

符号库是预设符号的集合,默认情况下,Illustrator CC 为用户提供了 28 种符号库。选择"窗口→符号库"命令,如图 7-78 所示,选择任意一种符号库,将其打开,符号库将显示在一个新面板上,如图 7-79 所示。

1. 打开符号库

用户也可以单击"符号"面板右下角的"符号库菜单"按钮 🅜,如图 7-80 所示。或者在"符号"面板菜单中选择"打开符号库"选项,如图 7-81 所示。在弹出的菜单列表中选择一种符号库,将其打开。如果希望打开的符号库在软件启动时自动打开,可以在面板菜单中选择"保存"选项,如图 7-82 所示。

图 7-78　选择命令

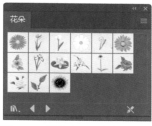

图 7-79　符号库显示在新面板上

图 7-80　"符号库菜单"按钮

图 7-81　"打开符号库"选项

图 7-82　"保持"符号库

2. 创建符号库

单击任意一种符号库中的符号，Illustrator CC 会将此符号自动添加到当前文档的"符号"面板中。按住【Shift】键，选择所有想要添加到"符号"面板中的符号，在符号库面板菜单中选择"添加到符号"选项，如图 7-83 所示，即可将所选符号添加到"符号"面板中，如图 7-84 所示。

选中"符号"面板中不需要的符号，单击面板底部的"删除符号"按钮，即可删除不需要的符号，完成精简符号库的操作，

图 7-83　添加到符号

如图 7-85 所示。选择"符号"面板菜单中的"存储符号库"选项，如图 7-86 所示，即可完成存储符号库的操作。

图 7-84　添加到"符号"面板　　　图 7-85　删除符号　　　图 7-86　存储符号库

7.4.3　案例操作——创建符号制作下雪效果

源文件：视频 / 第 7 章 / 创建符号制作下雪效果
操作视频：视频 / 第 7 章 / 创建符号制作下雪效果

Step 01 新建一个 Illustrator 文件。使用"矩形工具"绘制填色为 RGB(0、123、183) 的一个与画板等大的矩形。使用"星形工具"在画板中绘制一个六角星形状，如图 7-87 所示。

Step 02 选择"效果→扭曲和变换→波纹效果"命令，在弹出的"波纹效果"对话框中进行设置，如图 7-88 所示。单击"确定"按钮，图形效果如图 7-89 所示。

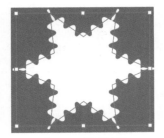

图 7-87　绘制六角星形状　　　图 7-88　"波纹效果"对话框　　　图 7-89　图形效果

Step 03 行"窗口→符号"命令，使用"选择工具"将雪花拖曳到"符号"面板中，在弹出的"符号选项"对话框中进行设置，如图 7-90 所示。单击"确定"按钮，完成"符号"的创建。

Step 04 将画板中的图形选中并删除。使用"符号喷枪工具"在画板中拖曳，创建符号组。使用"符号缩放器工具"放大或缩小符号，调整雪花的层次感，如图 7-91 所示。

使用"符号位移器工具"调整符号的分布；使用"符号滤色器工具"在符号上单击，完成半透明效果。选中符号组，在"透明度"面板中修改其透明度，选中矩形背景，修改其填色为径向渐变，最终效果如图 7-92 所示。

图 7-90　"符号选项"对话框　　　　图 7-91　创建符号组　　　　图 7-92　最终效果

7.4.4　编辑符号实例

用户可以对符号实例进行断开符号链接、重新定义符号、替换符号、重置变换和选择所有实例等操作。

1. 断开符号链接

选中画板中的符号实例，单击"符号"面板底部的"断开符号链接"按钮或者在面板菜单中选择"断开符号链接"选项，如图 7-93 所示。取消符号实例与"符号"面板中符号样本的链接关系后，符号实例将变成可编辑状态的图形组，如图 7-94 所示。

图 7-93　"断开符号链接"选项　　　　　　图 7-94　可编辑状态的图形组

2. 重新定义符号

用户可以对断开链接的符号实例进行编辑，如图 7-95 所示。选择面板菜单中的"重新定义符号"选项，即可重新定义"符号"面板中的符号，如图 7-96 所示。重新定义符号后，所有现有的符号实例将采用新定义。

3. 替换符号

选中画板中的一个符号实例，再选择"符号"面板中的另一个符号，选择面板菜单中的"替换符号"选项，如图 7-97 所示，即可将画板中的符号替换为"符号"面板中的符号，如图 7-98 所示。

图 7-95　编辑断开链接的符号实例　　　　　　图 7-96　重新定义符号效果

图 7-97　选择"替换符号"选项　　　　　　　图 7-98　替换符号效果

7.4.5　编辑符号组

使用"符号喷枪工具"在画板中拖曳，即可创建符号组。然后使用"符号位移器工具""符号紧缩器工具""符号缩放器工具""符号旋转器工具""符号着色器工具""符号滤色器工具"和"符号样式器工具"可以修改符号组中的多个符号实例。

提示

虽然可以对单个符号实例使用符号工具，但将符号工具用于符号组时最有效。在处理单个符号实例时，使用针对常规对象使用的工具和命令可以轻松完成大部分任务。

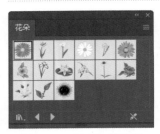

图 7-99　"自然"符号库

单击工具箱中的"符号喷枪工具"按钮，选择"花朵"符号库中的"紫菀"，如图 7-99 所示。将光标移动到画板中，按住鼠标左键拖曳，创建如图 7-100 所示的符号组。

1. 更改符号实例的堆叠顺序

单击工具箱中的"符号移位器工具"按钮 ，将光标置于符号组上，单击并向希望符号实例移动的方向拖曳，如图 7-101 所示。按住【Shift】键的同时单击符号实例，可将该实例向前移动一层；按住【Alt+Shift】组合键的同时单击符号实例，可将该实例向后移动一层，如图 7-102 所示。

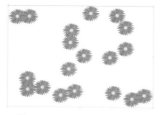

图 7-100　创建花朵符号组　　　图 7-101　拖曳移动符号实例　　图 7-102　调整符号实例堆叠顺序
　　　　　　　　　　　　　　　　　　　　的位置

2. 集中或分散符号实例

单击工具箱中的"符号紧缩器工具"按钮，将光标置于符号组上，单击或拖动希望聚集符号实例的区域，如图 7-103 所示。按住【Alt】键的同时单击或拖动希望符号实例相互远离的区域，如图 7-104 所示。

3. 调整符号实例的大小

单击工具箱中的"符号缩放器工具"按钮，将光标置于符号组上，单击或拖动即可放大符号实例，如图 7-105 所示。按住【Alt】键的同时单击或拖动，即可缩小符号实例，如图 7-106 所示。按住【Shift】键的同时单击或拖动，在缩放符号实例时将保持缩放比例。

图 7-103　集中符号实例　　　　图 7-104　分散符号实例　　　　图 7-105　增大符号实例

4. 旋转符号实例

单击工具箱中的"符号旋转器工具"按钮，将光标置于符号组上，单击或拖动希望符号实例朝向的方向，如图 7-107 所示。释放鼠标即可得到旋转的实例效果，如图 7-108 所示。

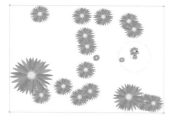

图 7-106　缩小符号实例　　　　图 7-107　拖动希望符号　　　　图 7-108　旋转符号实例效果
　　　　　　　　　　　　　　　　　　　实例朝向的方向

5. 对符号实例着色

选择"窗口→颜色"命令，打开"颜色"面板，选择要用作上色颜色的填充颜色，如图 7-109 所示。单击工具箱中的"符号着色器工具"按钮 ，将光标置于符号组上，单击或拖动希望着色的符号实例，如图 7-110 所示。

上色量逐渐增加，符号实例的颜色逐渐更改为上色颜色，如图 7-111 所示。按住【Alt】键的同时单击或拖动，将以极少量进行着色并显示更多原始符号颜色，如图 7-112 所示。按住【Shift】键的同时单击或拖动，将以以前染色实例的色调强度为符号实例着色。

图 7-109　选择填充颜色

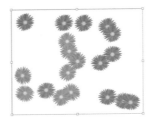

图 7-110　单击或拖动符号实例

图 7-111　逐渐更改为上色颜色

6. 调整符号实例的透明度

单击工具箱中的"符号滤色器工具"按钮 ，将光标置于符号组上，单击或拖动将降低符号透明度，如图 7-113 所示。按住【Alt】键的同时单击或拖动，将提高符号透明度，如图 7-114 所示。

图 7-112　逐渐减少着色量

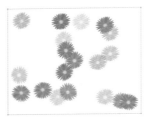

图 7-113　降低符号透明度

图 7-114　逐渐减少着色量

7. 将图形样式应用到符号实例

单击工具箱中的"符号样式器工具"按钮 ，选择"窗口→图形样式"命令，在打开的"图形样式"面板中选择一个样式，如图 7-115 所示。将光标置于符号组上，单击或拖动即可将样式应用到符号实例上，如图 7-116 所示。

按住【Alt】键的同时单击或拖动，将减少样式数量，并显示更多原始的、无样式的符号，如图 7-117 所示。按住【Shift】键的同时单击可保持以前设置样式的实例的样式强度。

图 7-115　选择一个图形样式

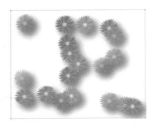

图 7-116　添加样式到符号实例

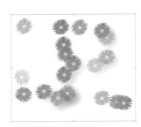

图 7-117　较少样式数量

7.5　操控变形工具

使用操控变形功能，可以扭转和扭曲图稿的某些部分，使变换看起来更自然。用户可以使用 Illustrator CC 中的操控变形工具添加、移动和旋转点，以便将图稿平滑地转换到不同的位置及变换成不同的姿态。

案例操作——操控变形小狗的姿势

源文件：视频 / 第 7 章 / 操控变形小狗的姿势
操作视频：视频 / 第 7 章 / 操控变形小狗的姿势

Step 01 选择 "文件→打开" 命令，将素材 "702.ai" 文件打开。选中图形，单击工具箱中的 "操控变形工具" 按钮 ，图形效果如图 7-118 所示。

Step 02 将光标移动到左侧狗耳朵的点上，按住鼠标左键拖曳调整图形的形状，如图 7-119 所示。继续拖曳调整右侧耳朵的点，效果如图 7-120 所示。

图 7-118　激活操控变形工具　　　　图 7-119　拖曳调整点　　　　图 7-120　继续拖曳调整点

Step 03 单击狗躯干上的点，按【Delete】键将其删除，如图 7-121 所示。将光标移动到狗躯干的尾部，单击添加一个点，拖曳调整狗的姿势，如图 7-122 所示。继续拖曳其他点，调整狗的姿势，效果如图 7-123 所示。

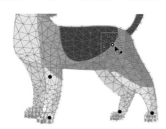  

图 7-121　删除点　　　　图 7-122　添加并拖曳调整点　　　　图 7-123　调整效果

7.6　使用液化变形工具

Illustrator CC 中的液化变形工具组与 Photoshop 中的 "液化" 滤镜的功能相似。使用液化变形工具可以更加灵活、自由地对图形进行各种变形操作，使用户的绘图过程变得

图 7-124　液化变形工具组

更加方便、快捷且充满创意。

液化变形工具组包括"变形工具""旋转扭曲工具""缩拢工具""膨胀工具""扇贝工具""晶格化工具"和"皱褶工具",如图 7-124 所示。

选中任意一个工具后,在画板中的图形上拖曳即可对其进行变形操作,变形效果集中在画笔的中心区域,并且会随着光标在某个区域中的重复拖曳而得到增强。不能将液化工具用于链接文件或包含文本、图形或符号的对象。

7.6.1　变形工具

"变形工具"采用涂抹推动方向的方式对对象进行变形处理。选中一个对象,单击工具箱中的"变形工具"按钮，在图形上向左拖曳,拖曳时对象外观会出现相应的预览框,通过预览框可以看到变形之后的效果,达到满意效果后释放光标,即可完成变形操作,效果如图 7-125 所示。

按住【Alt】键不放并从上到下拖曳光标,可以缩小画笔笔触的垂直范围;从左到右拖曳光标,可以缩小画笔笔触的水平范围;要想扩大画笔笔触范围,反向拖曳光标即可。

再次使用"变形工具"在图形上向右拖曳,效果如图 7-126 所示。调整画笔笔触大小后,继续在图形上拖曳,完成变形效果,如图 7-127 所示。

双击工具箱中的"变形工具"按钮,弹出"变形工具选项"对话框,如图 7-128 所示。用户可在该对话框中设置变形的相关选项,完成后单击"确定"按钮。

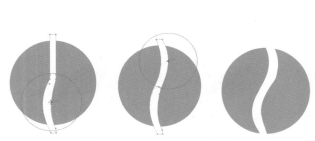

图 7-125　向左拖曳　　图 7-126　向右拖曳　　图 7-127　变形效果　　图 7-128　"变形工具选项"对话框

7.6.2　旋转扭曲工具

"旋转扭曲工具"可以使对象产生旋转扭曲的变形效果。选中一个对象,单击工具箱中的"旋转扭曲工具"按钮，在图形上连续单击、按住光标或拖曳光标,选中对象产生相应的旋转扭曲效果,如图 7-129 所示。

双击工具箱中的"旋转扭曲工具"按钮，弹出"旋转扭曲工具选项"对话框，如图 7-130 所示。对话框中的参数设置与"变形工具选项"对话框中的相同，用户可以参照"变形工具选项"对话框中各选项的功能进行设置。

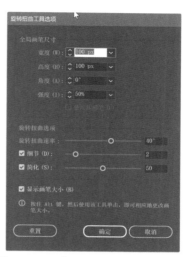

图 7-129　单击和长按的旋转扭曲效果

图 7-130　"旋转扭曲工具选项"对话框

7.6.3　缩拢工具

"缩拢工具"主要针对所选对象进行向内收缩挤压的变形操作。单击工具箱中的"缩拢工具"按钮，在图形上单击或向内拖曳，当达到满意的变形效果后，释放光标即可完成变形操作，如图 7-131 所示。

图 7-131　缩拢变形效果

7.6.4　膨胀工具

"膨胀工具"的作用与"缩拢工具"的作用恰好相反，其主要是针对所选对象进行向外扩张膨胀的变形操作。

单击工具箱中的"膨胀工具"按钮，在画板中的对象上单击或向外拖曳，如图 7-132 所示。释放光标后即可完成膨胀变形操作，效果如图 7-133 所示。

图 7-132　变形操作

图 7-133　膨胀变形效果

7.6.5 扇贝工具

"扇贝工具"是对图形进行扇形扭曲的曲线变形操作，变形完成后生成细小的皱褶状，并使图形效果向某一原点聚集。

单击工具箱中的"扇贝工具"按钮 ，拖曳选中对象时，选中对象上会产生类似扇子或贝壳形状的变形效果，如图 7-134 所示。

双击工具箱中的"扇贝工具"按钮，弹出"扇贝工具选项"对话框，如图 7-135 所示。用户可在该对话框中设置相关选项，完成后单击"确定"按钮。

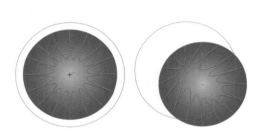

图 7-134　扇贝变形效果　　　　　　　图 7-135　"扇贝工具选项"对话框

7.6.6 晶格化工具

"晶格化工具"的使用方法与"扇贝工具"相同，产生的变形效果也与"扇贝工具"相似，使用该工具可以使对象产生类似锯齿形状的变形效果。

"晶格化工具"是根据结晶形状而使图形产生放射式的变形效果，"扇贝工具"是根据三角形而使图形产生扇形扭曲的变形效果。

单击工具箱中的"晶格化工具"按钮 ，在画板中的对象上单击、长按或拖曳，释放光标后完成变形效果的制作，如图 7-136 所示。

原始对象　　　　　　　单击效果　　　　　　　拖曳效果
图 7-136　"晶格化工具"的变形效果

7.6.7   皱褶工具

"皱褶工具"的设置和使用方法与"扇贝工具"相同，可以用于产生类似皱纹或者折叠纹，从而使图形产生抖动的局部碎化变形效果。单击工具箱中的"皱褶工具"按钮![icon]，在画板中的对象上单击、长按或拖曳，释放光标后完成皱褶效果的绘制，效果如图 7-137 所示。

双击"皱褶工具"按钮，弹出"皱褶工具选项"对话框，如图 7-138 所示。用户可在该对话框中设置相关选项，完成后单击"确定"按钮。

图 7-137   皱褶效果

图 7-138   "皱褶工具选项"对话框

7.7   3D 效果

用户使用 3D 效果可以从二维（2D）图稿创建三维（3D）对象，完成创建后用户也可以通过高光、阴影、旋转及其他属性来控制 3D 对象的外观，还可以将图稿贴到 3D 对象的每个表面上，用以改变外观。

选择"效果→ 3D 和材质"命令，将弹出包含 6 个选项命令的子菜单列表，如图 7-139 所示。其中，"凸出和斜角""绕转""膨胀""3D（经典）→凸出和斜角 / 绕转"选项命令用以创建 3D 对象，而"旋转""材质"和"3D（经典）→旋转"选项命令的作用是在三维空间中旋转 2D 或 3D 对象，还可以应用或修改现有 3D 对象的 3D 效果。

图 7-139   子菜单列表

　　"效果"菜单下的"3D"命令和"透视网格工具"命令是两种不同的工具,但是在透视中处理 3D 对象的方式与处理其他任何透视对象的方式是一样的。

7.7.1　使用"凸出和斜角"命令创建 3D 对象

　　选中一个对象,选择"效果→ 3D 和材质→凸出和斜角"命令,可以将选中对象由 2D 平面图形创建为 3D 对象,如图 7-140 所示。同时弹出"3D 和材质"面板,如图 7-141 所示。用户可在面板中为刚刚创建的 3D 对象设置各项参数。

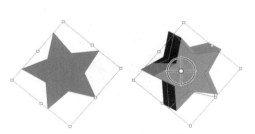

图 7-140　创建为 3D 对象　　　　　　　　图 7-141　　"3D 和材质"面板

　　选中对象后,选择"效果→ 3D 和材质→ 3D(经典)→凸出和斜角"命令,弹出"3D 凸出和斜角选项(经典)"对话框,如图 7-142 所示。单击对话框底部的"更多选项"按钮,弹出"表面"选项的更多参数,如图 7-143 所示。此时,用户可以查看完整的选项列表,单击对话框中的"较少选项"按钮,可以隐藏额外的"表面"选项参数。设置对话框中的各个选项并单击"确定"按钮,也可将所选对象创建为 3D 对象。

　　"3D 凸出和斜角选项(经典)"对话框中"更多选项"的选项数量(可用光源选项),取决于用户所选择的"表面"选项。如果 3D 对象只使用 3D 旋转效果,则可用的"表面"选项只有"扩散底纹"或"无底纹"。

　　将光源拖曳至球体上的任意位置,用以定义光源的位置,如图 7-144 所示。单击"新建光源"按钮█,可添加一个光源。默认情况下,新建光源出现在球体正前方的中心位置,如图 7-145 所示。

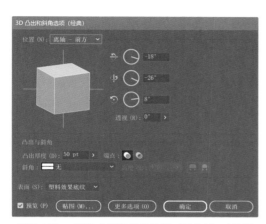

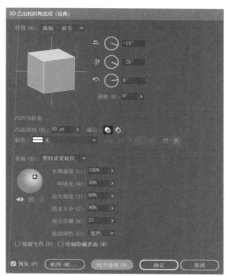

图 7-142　"3D 凸出和斜角选项（经典）"对话框

图 7-143　更多选项

光源 ————

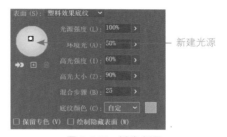 ———— 新建光源

图 7-144　定义光源

图 7-145　新建光源

　　单击底部的"贴图"按钮，弹出"贴图"对话框。用户可在该对话框中设置各项参数，如图 7-146 所示。完成后单击"确定"按钮，即可将图稿贴到 3D 对象表面上，如图 7-147 所示。

图 7-146　在"贴图"对话框中设置参数

图 7-147　贴图效果

7.7.2　案例操作——使用凸出和斜角制作三维彩带

源文件：视频 / 第 7 章 / 凸出和斜角制作三维彩带
操作视频：视频 / 第 7 章 / 凸出和斜角制作三维彩带

Step01 新建一个 Illustrator 文件。使用"文字工具"在画板中输入文字并选择"文字→创建轮廓"命令，取消编组后分别设置单个文字颜色。使用"矩形工具"在画板中创建多个图形。选中所有图形，将其旋转 -90°，如图 7-148 所示。

Step02 分别将文字和图形拖曳到"符号"面板中，创建两个符号。使用"直线段工具"在画板中新建一条直线段，如图 7-149 所示。选择"效果→扭曲和变换→波纹效果"命令，在弹出的"波纹效果"对话框中进行设置，如图 7-150 所示。

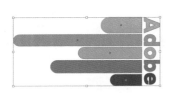

图 7-148　绘制图形

图 7-149　绘制直线段

图 7-150　"波纹效果"对话框

Step03 单击"确定"按钮，线条效果如图 7-151 所示。选择"对象→扩展外观"命令，效果如图 7-152 所示。使用"钢笔工具"接着顶部的锚点绘制一条路径，并使用"直接选择工具"拖曳调整为圆角，如图 7-153 所示。

图 7-151　线条效果

图 7-152　扩展外观

图 7-153　绘制路径

图 7-154　"3D 凸出和斜角选项（经典）"对话框

Step04 选择"效果→ 3D 和材质→凸出和斜角"命令，在弹出的"3D 凸出和斜角选项（经典）"对话框中调整"凸出厚度"和光源，如图 7-154 所示。

Step05 单击"贴图"按钮，在弹出的"贴图"对话框中选择正确的面和符号，单击"缩放以复合"按钮，选中"贴图具有明暗调"和"三维模型不可见"复选框，如图 7-155 所示。

Step06 单击"确定"按钮，完成 3D 彩带的制作，效果如图 7-156 所示。

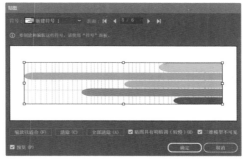

图 7-155　设置"贴图"对话框

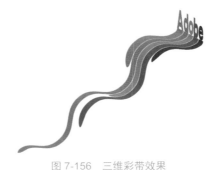

图 7-156　三维彩带效果

7.7.3　通过"绕转"命令创建 3D 对象

"绕转"命令以 Y 轴为绕转轴，通过绕转一条路径或剖面，使选中对象做圆周运动，最终完成创建 3D 对象的操作。

选择一个对象，选择"效果→3D 和材质→绕转"命令，将创建一个 3D 对象，如图 7-157 所示。同时弹出"3D 和材质"面板，如图 7-158 所示。用户可在面板中为刚刚创建的 3D 对象设置各项参数。

选择一个对象后，选择"效果→3D 和材质→3D（经典）→绕转"命令，弹出"3D 绕转选项（经典）"对话框，如图 7-159 所示。单击对话框底部的"更多选项"按钮，弹出"表面"选项的更多参数，如图 7-160 所示。此时，用户可以查看完整的选项列表，单击对话框中的"较少选项"按钮，可以隐藏额外的"表面"选项参数。

图 7-157　创建 3D 对象　　图 7-158　　"3D 和
材质"面板

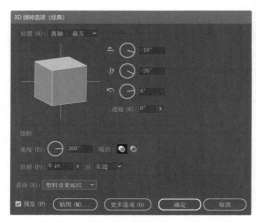

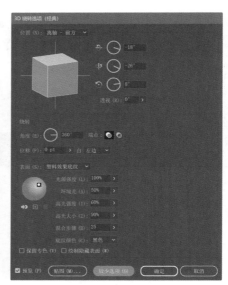

图 7-159 "3D 绕转选项（经典）"对话框   图 7-160 更多选项

7.7.4 案例操作——使用绕转制作立体小球

源文件：视频／第 7 章／绕转制作立体小球
操作视频：视频／第 7 章／绕转制作立体小球

Step 01 新建一个 Illustrator 文件。使用"矩形工具"在画板中绘制一个填色为 RGB(255、170、0)、描边色为"无"的矩形。按住【Alt】键的同时使用"选择工具"拖曳并重复复制矩形，效果如图 7-161 所示。

Step 02 拖曳选中所有图形，将其拖入"符号"面板中，弹出"符号选项"对话框，单击"确定"按钮，"符号"面板如图 7-162 所示。使用"椭圆工具"在画板中拖曳绘制一个椭圆，拖曳其右侧控制柄，将其修改为半圆并旋转角度，如图 7-163 所示。

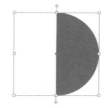

图 7-161 重复复制矩形   图 7-162 "符号"面板   图 7-163 创建半圆

Step 03 选择"效果→ 3D 和材质→ 3D（经典）→绕转"命令，单击"3D 绕转选项（经典）"对话框底部的"贴图"按钮，弹出"贴图"对话框，在"符号"下拉列表中选择新建的符号进行贴图并单击"缩放以适合"按钮，如图 7-164 所示。

Step 04 单击"确定"按钮，将光标移动到"3D 绕转选项（经典）"对话框顶部的立体盒子图形上，拖曳调整显示角度，如图 7-165 所示。单击"确定"按钮，小球效果如图 7-166 所示。

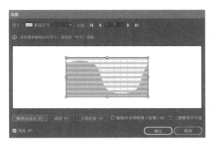

图 7-164　缩放以适应贴图　　　　图 7-165　拖曳调整显示角度　　　图 7-166　小球效果

7.7.5　使用"膨胀"命令创建 3D 对象

选中一个对象后，选择"效果→ 3D 和材质→膨胀"命令，将所选二维平面图形创建为 3D 对象，如图 7-167 所示。同时弹出"3D 和材质"面板，如图 7-168 所示。用户可在面板中为刚刚创建的 3D 对象设置各项参数。

7.7.6　在三维空间旋转对象

创建 3D 对象后，如果对现有 3D 对象的外观效果不是很满意，可以使用"效果→ 3D 和材质"菜单下的"旋转"命令旋转对象的角度，如图 7-169 所示。

选择一个 3D 对象，选择"效果→ 3D 和材质→ 3D（经典）→旋转（经典）"命令，弹出"Adobe Illustrator"警告框，如图 7-170 所示。单击"应用新效果"按钮后，弹出"3D 旋转选项（经典）"对话框，如图 7-171 所示。用户可在对话框中旋转 3D 对象及调整"表面"选项，完成后单击"确定"按钮，确认旋转或调整操作。

当"表面"设置为"无底纹"时，用户可以单击对话框底部的"较少选项"按钮，得到较为简洁的界面，如图 7-172 所示。当"表面"设置为"扩散底纹"时，单击对话框底部的"更多选项"按钮，可以查看完整的选项列表，如图 7-173 所示。

图 7-167　创建为　　图 7-168　"3D 和
3D 对象　　　　材质"面板

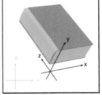

图 7-169　使用"旋转"命令旋转对象

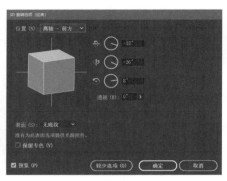

图 7-171　"3D 旋转选项（经典）"对话框

图 7-170　"Adobe Illustrator"警告框

图 7-172　简洁界面

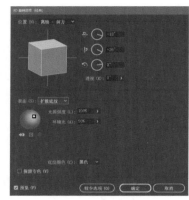

图 7-173　完整选项列表

7.7.7　"3D 和材质"面板

用户通过"3D 和材质"面板中的"对象""材质"和"光照"选项，可轻松将 3D 效果应用到矢量图稿上，并创建 3D 图形。

7.7.8　案例操作——为 3D 对象添加材质

源文件：视频 / 第 7 章 / 为 3D 对象添加材质
操作视频：视频 / 第 7 章 / 为 3D 对象添加材质

Step01 使用"椭圆工具"绘制一个正圆，如图 7-174 所示。选择"窗口→ 3D 和材质"命令，弹出"3D 和材质"面板，选中面板顶部的"对象"选项卡，单击下方的"凸出"按钮，设置"深度"参数如图 7-175 所示。3D 对象的效果如图 7-176 所示。

Step02 单击"膨胀"按钮，然后使用"选择工具"在 3D 对象的中心上拖曳改变对象的角度，效果如图 7-177 所示。

Step03 选中面板顶部的"光照"选项卡，单击下方的任意一个预设选项，如图 7-178 所示，即可改变 3D 对象的光照效果，如图 7-179 所示。

Step04 选择面板顶部的"材质"选项卡，单击任意一种材质预设，如图 7-180 所示，即可为选中的 3D 对象应用该材质预设，效果如图 7-181 所示。

图 7-174　绘制对象

图 7-175　设置参数

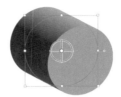
图 7-176　3D 对象效果

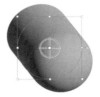
图 7-177　膨胀效果

图 7-178　光照预设

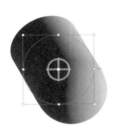
图 7-179　光照效果

图 7-180　材质预设

图 7-181　材质效果

7.8　使用透视网格

在 Illustrator CC 中，用户可以在透视模式中轻松绘制或呈现图稿。透视网格帮助用户在平面上呈现场景，就像肉眼所见的那样自然。例如，道路或铁轨看上去像在视线中相交或消失一般。

7.8.1　显示 / 隐藏透视网格

Illustrator CC 只能在一个文档中创建一个透视网格。

1. 显示透视网格

单击工具箱中的"透视网格工具"按钮 ，即可在画板中显示透视网格。选择"视图→透视网格→显示网格"命令，或者按【Ctrl+Shift+I】组合键，如图 7-182 所示，也可以快速在画板中显示透视网格，透视网格效果如图 7-183 所示。

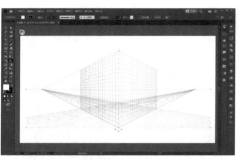

图 7-182　"显示网格"命令　　　　　　　图 7-183　透视网格显示效果

2. 隐藏透视网格

使用"透视网格"工具，将光标移动到左上角的"平面切换构件"的 × 图标上，当光标变成🖐时，单击或者按【Ctrl+Shift+I】组合键，即可隐藏透视网格，如图 7-184 所示。选择"视图→透视网格→隐藏网格"命令或者按【Esc】键，也可以隐藏透视网格，如图 7-185 所示。

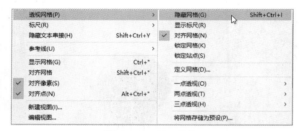

图 7-184　隐藏透视网格　　　　　　　　　　图 7-185　显示网格

选择"视图→透视网格"中的对应命令，如图 7-186 所示，即可定义一点透视、两点透视和三点透视的透视网格，如图 7-187 所示。

图 7-186　创建不同类型的透视网格　　　　　图 7-187　不同类型的透视网格

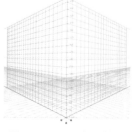

图 7-188　显示标尺命令　　图 7-189　显示标尺效果

3. 显示/隐藏透视网格的标尺

选择"视图→透视网格→显示标尺"命令，如图 7-188 所示，将显示沿真实高度线的标尺刻度，如图 7-189 所示。标尺的刻度由网格线的单位决定。选择"视图→透视网格→隐藏标尺"命令，即可将网格上的刻度隐藏。

4. 锁定透视网格

选择"视图→透视网格→锁定网格"命令，如图 7-190 所示。将当前透视网格锁定，锁定后的网格不能进行移动和编辑，只能更改可见性和平面位置。选择"视图→透视网格→解锁网格"命令，即可解锁透视网格。

5. 锁定透视站点

选择"视图→透视网格→锁定站点"命令，如图 7-191 所示，即可将站点锁定。在"锁定站点"命令选中后，移动一个消失点将带动其他消失点同步移动。如果未选中此选项，则此类移动操作互不影响，站点也会移动。

图 7-190　锁定网格

图 7-191　锁定站点

7.8.2　定义 / 编辑透视网格

选择"视图→透视网格→定义网格"命令，弹出"定义透视网格"对话框，如图 7-192 所示。设置各项参数后，单击"确定"按钮，即可完成透视网格的自定义。

选择"编辑→透视网格预设"命令，弹出"透视网格预设"对话框，如图 7-193 所示。选择要编辑的预设，单击"编辑"按钮，可以在弹出的"透视网格预设选项（编辑）"对话框中重新设置各项参数，如图 7-194 所示。设置完成后，单击"确定"按钮，即可完成透视网格预设的编辑。

图 7-192　"定义透视网格"对话框

图 7-193　"透视网格预设"对话框

图 7-194　"透视网格预设选项（编辑）"对话框

7.8.3　平面切换构件

用户可以使用"平面切换构件"快速选择活动网格平面。当透视网格显示时，"平面切换构件"默认显示在透视网格的左上方，如图 7-195 所示。双击工具箱中的"透视网格"按钮，弹出"透视网格选项"对话框，如图 7-196 所示。

图 7-195 默认显示在左上角　　　　图 7-196 "透视网格选项"对话框

7.8.4 透视选区工具

使用"透视选区工具"可以在透视中加入对象、文本和符号；可以在透视空间中移动、缩放和复制对象；可以在透视屏幕中沿着对象的当前位置垂直移动和复制对象；可以使用快捷键切换活动界面。

单击工具箱中的"透视选区工具"按钮或者按【Shift+P】组合键，激活"透视选区工具"，分别选择左侧、右侧和水平网格屏幕，"透视选区工具"光标如图 7-197 所示。

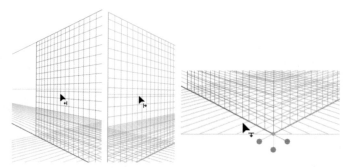

图 7-197 不同活动平面"透视选区工具"光标

使用"透视选区工具"选择对象，通过使用平面切换构件或按键盘上的【1】（左平面）、【2】（水平面）、【3】（右平面）键选择要置入对象的活动平面。将对象拖曳到所需位置，即可向透视中加入现有对象或图稿。

使用"透视选区工具"进行拖动时，可以在正常选框和透视选框之间选择，通过使用【1】、【2】、【3】或【4】键可以在网格不同平面间切换。用户可以沿着当前对象位置垂直的方向移动对象，这个操作在创建平行对象时很有用，如房间的墙壁。

激活"透视选区工具"按钮，按住【5】键，将对象拖曳到所需位置，如图 7-198 所示。同时按住【Alt】键和【5】键拖曳对象，将对象复制到新位置，且不会改变原始对象，如图 7-199 所示。

　　如果想要精确垂直移动选中对象，可以使用"透视选区工具"双击右侧等平面构件，在弹出的"右侧消失平面"对话框中设置参数，实现精确地在右侧平面移动对象的操作，如图 7-200 所示。

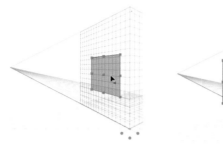 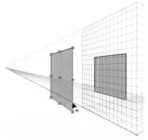 

图 7-198　将对象拖曳到透视平面　　图 7-199　复制对象到新位置　　　图 7-200　　"右侧消失
　　　　　　　　　　　　　　　　　　　　　　　　　　　　　　　　　　　　　　　平面"对话框

7.9　本章小结

　　本章讲解了使用图像描摹、网格对象、图案、符号、操控变形工具和液化变形工具绘制画稿的方法和技巧。掌握这些高级操作功能，有助于绘画基础较为薄弱的用户绘制图稿。使用 3D 效果可以通过凸出、旋转和绕转将平面对象转换为 3D 模型，以 3D 的视角呈现设计。用户也可以借助透视网格的辅助绘制出伪 3D 的图形，同样可以为设计增加冲击力。

第 8 章
文字的创建与编辑

本章将讲解 Illustrator CC 中的文字处理。Illustrator CC 拥有非常全面的文字处理功能，可以把文字当作一种图形元素，对其进行填色、缩放、旋转和变形等，还可以实现图文混排、沿路径分布和创建文字蒙版等操作，利用这些操作可以完成各种复杂的排版工作。

本章知识点

（1）掌握创建不同文字类型的方法和技巧。
（2）掌握设置文字格式的方法。
（3）掌握管理文字区域的方法。
（4）掌握编辑路径文字的方法。
（5）掌握应用文字样式的方法。
（6）掌握文本的导入与导出的方法。

8.1 添加文字

Illustrator CC 包含 3 种文字类型："点文字""区域文字"和"路径文字"。本节将详细讲解使用不同"文字工具"创建不同文字类型的方法和技巧，帮助用户快速掌握在 Illustrator CC 中添加不同类型文字的方法。

8.1.1 认识文字工具

Illustrator CC 为用户提供了 7 种文字工具，长按工具箱中的"文字工具"按钮，即可展开文字工具组，如图 8-1 所示。

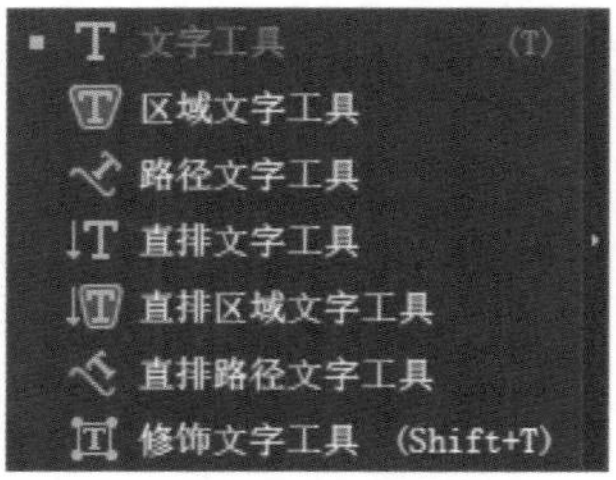

图 8-1 文字工具组

其中，"文字工具"和"直排文字工具"用来创建点状文字和区域文字；"区域文字工具"和"直排区域文字工具"用于在现有图形中添加文字；"路径文字工具"和"直排路径文字工具"用于在任何路径上添加文字。

8.1.2 溢出文字

如果输入的文本长度超出文本框或路径区域，文本框或路径尾部就会出现⊞标识，代表当前文字没有全部显示。无法显示的文字则被隐藏，这些无法显示的文字称为溢流文本，如图 8-2 所示。

　　如果想要显示溢流文本，可以将"选择工具"移至文本框任意边缘线的中心，当光标变为⇕ 或⇔ 状态时，向任意方向拖曳调整文本框区域的大小，如图 8-3 所示。调整到文本框尾部⊞标识消失为止，此时文本框区域已经能够容纳全部文本，如图 8-4 所示。

是非成败转头空，青山依旧在，惯看秋月春风。一壶浊酒喜相逢，古今多少事，滚滚长江东逝水，浪花淘尽英雄。几	是非成败转头空，青山依旧在，惯看秋月春风。一壶浊酒喜相逢，古今多少事，滚滚长江东逝水，浪花淘尽英雄。几度夕阳红。	是非成败转头空，青山依旧在，惯看秋月春风。一壶浊酒喜相逢，古今多少事，滚滚长江东逝水，浪花淘尽英雄。几度夕阳红。
图 8-2　溢流文本	图 8-3　调整文本框大小	图 8-4　显示全部文本

8.1.3　点状文字与区域文字的相互转换

　　在 Illustrator CC 中，点状文字和区域文字可以相互转换。如果当前文本为点状文字，选择"文字→转换为区域文字"命令，如图 8-5 所示，即可将点状文字转换为区域文字。如果当前文字是区域文字，选择"文字→转换为点状文字"命令，如图 8-6 所示，即可将区域文字转换为点状文字。

图 8-5　转换为区域文字

图 8-6　转换为点状文字

8.2　设置文字格式

　　在画板中添加任意类型的文字后，都可以选中一部分或全部文字，然后为选中文字设置格式。文字格式可以通过"控制"面板、"字符"面板、"文字"菜单及其他与文字相关的各种面板进行设置。

8.2.1　选择文字

　　在对文字进行格式设置之前，必须先将文字选中。选择文字时，可以选择一个字符或多个字符，也可以选择一行文字、一列文字、整个区域文字或一条文字路径。

1. 选择部分文本

使用"修饰文字工具"可以选中点状文字、区域文字或路径文字上的任意单个文字，并对其进行样式设计。单击工具箱中的"修饰文字工具"按钮，将光标置于文字上，当光标变为 状态，单击想要对其进行样式设计的单个文字，即可将其选中，选中的文字四周会出现框体，如图 8-7 所示。

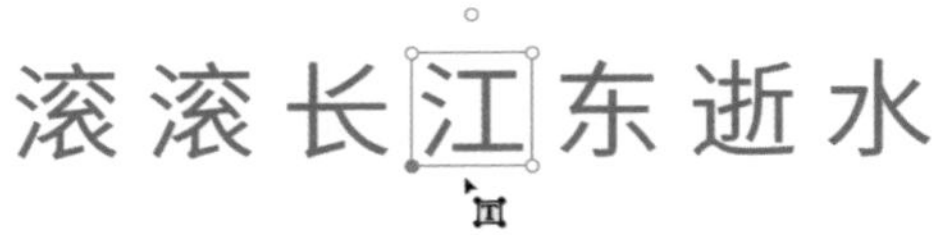

滚滚长江东逝水

图 8-7　选择单个文字

使用"文字工具"在文字中单击并拖曳，可以选择一个或多个字符；如果文字类型是点状文字，则在中文字体上双击，可以选择光标所在行中符号结束前的文字内容，三击可选中整行文字内容；如果是英文字体，则双击可以选择一个单词，三击可选中整行文字内容。如果是区域文字，则双击可选中部分文字内容，如图 8-8 所示。

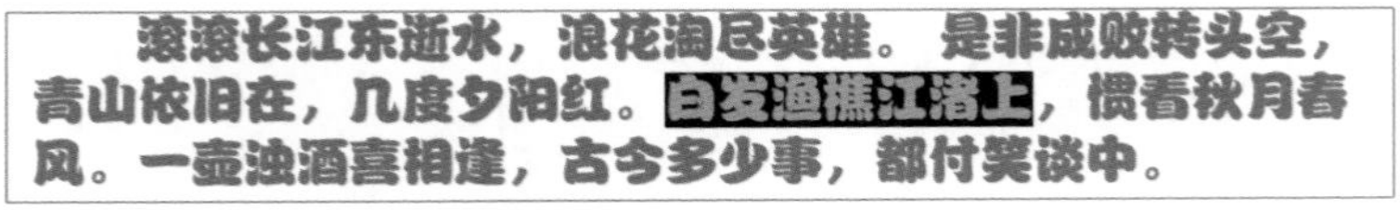

滚滚长江东逝水，浪花淘尽英雄。 是非成败转头空，青山依旧在，几度夕阳红。白发渔樵江渚上，惯看秋月春风。一壶浊酒喜相逢，古今多少事，都付笑谈中。

图 8-8　选中部分文字

2. 选择全部文本

使用任意文字工具在区域文字中三击可以选中全部文字内容，如图 8-9 所示。使用"选择工具"或"直接选择工具"，按住【Shift】键的同时连续单击多个文字区域，可以选中所有单击过的文字区域。

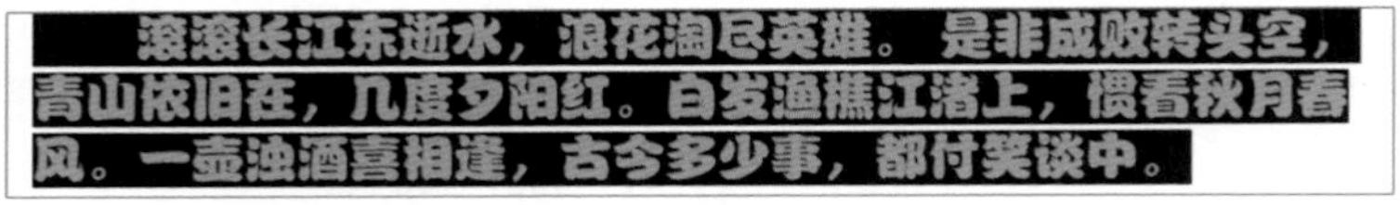

滚滚长江东逝水，浪花淘尽英雄。 是非成败转头空，青山依旧在，几度夕阳红。白发渔樵江渚上，惯看秋月春风。一壶浊酒喜相逢，古今多少事，都付笑谈中。

图 8-9　选中全部文字

8.2.2　案例操作——使用制作文字工具制作文字徽标

源文件：视频 / 第 8 章 / 制作文字工具制作文字徽标
操作视频：视频 / 第 8 章 / 制作文字工具制作文字徽标

Step 01 新建一个 Illustrator 文件。使用"文字工具"在画板中单击并输入文字内容，设置"字符"面板中的各项参数，文字效果如图 8-10 所示。

Step 02 单击工具箱中的"修饰文字工具"按钮，将光标移动到第二个字母上，拖曳顶部的锚点调整文字大小，拖曳底部的锚点调整文字的宽度，如图 8-11 所示。

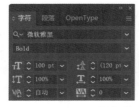

图 8-10　设置文字参数后的文字效果　　　　　　图 8-11　调整字母宽度

Step03 继续使用相同的方法调整第三个字母，效果如图 8-12 所示。

Step04 继续拖曳调整其他字母的大小和摆放位置；使用"修饰文字工具"选中单个字母，修改填色和描边，完成效果如图 8-13 所示。

图 8-12　调整字母

图 8-13　最终效果

8.2.3　使用"字符"面板

选择"窗口→文字→字符"命令或按【Ctrl+T】组合键，即可打开"字符"面板，如图 8-14 所示。单击面板右上角的"面板菜单"按钮，在弹出的面板菜单中选择"显示选项"命令，显示隐藏选项，"字符"面板如图 8-15 所示。用户可以利用"字符"面板，对文档中的单个或多个字符进行格式设置。

图 8-14　"字符"面板

图 8-15　显示选项

8.2.4　使用"段落"面板

区域文字中各个段落的格式主要通过"段落"面板来实现。即利用"段落"面板可以为各个段落设置对齐、缩进和间距等选项。

选择"窗口→文字→段落"命令或按【Alt+Ctrl+T】组合键，即可打开"段落"面板，如图 8-16 所示。单击"段落"面板右上角的"面板菜单"按钮，在弹出的面板菜单中选择"显示选项"命令，可以显示面板的隐藏选项，如图 8-17 所示。

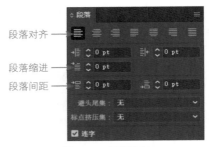

图 8-16　"段落"面板　　　　　　　　　图 8-17　显示选项

8.2.5　消除文字锯齿

将文档存储为位图格式（如 JPEG、GIF 和 PNG）时，Illustrator CC 会以每英寸 72 像素的分辨率栅格化画板中的所有对象，并为对象消除锯齿。

如果画板中包含文字，则默认设置的消除锯齿可能无法产生所要的结果。此时，需要使用 Illustrator CC 中专门为栅格化文字操作提供的消除锯齿选项。

首先选中需要栅格化的文字，如果想要将文字永久栅格化，则选择"对象→栅格化"命令，弹出"栅格化"对话框，如图 8-18 所示，设置完成后，单击"确定"按钮，即可完成操作。

如果用户想要为文本创建栅格化，且不更改对象外观的底层结构，可以选择"效果→栅格化"命令，打开"栅格化"对话框，在对话框中选择一种"消除锯齿"选项，单击"确定"按钮，确认为文字对象应用该"消除锯齿"选项，如图 8-19 所示。

图 8-18　"栅格化"对话框　　　　　　图 8-19　选择一种"消除锯齿"选项

8.2.6　轮廓化文字

用户在画板上创建文字后，可以将文字转换为轮廓。将文字转换为轮廓后，可以将其看作普通的路径，也可编辑和处理这些轮廓，还可以避免因字体缺失而无法正确打印所需文本的问题。文字转换为轮廓后，仍会保留所有的字体样式和文字格式。

选中文字对象，如图 8-20 所示。选择"文字→创建轮廓"命令或按【Shift+Ctrl+O】组合键，即可将选中的文字对象转换为轮廓路径，如图 8-21 所示。

图 8-20　选中文字对象　　　　　　　　图 8-21　将文字转换为轮廓路径

8.2.7　查找 / 替换字体

当画板中包含了大量文本且文本应用多种字体时，如果想要更改某些文本的字体，可以使用“查找 / 替换字体”功能快速完成操作。

创建文字对象或选中现有文字对象，如图 8-22 所示。选择“文字→查找 / 替换字体”命令，弹出“查找 / 替换字体”对话框，选中的文字使用的所有字体类型都会出现在该对话框中，如图 8-23 所示。

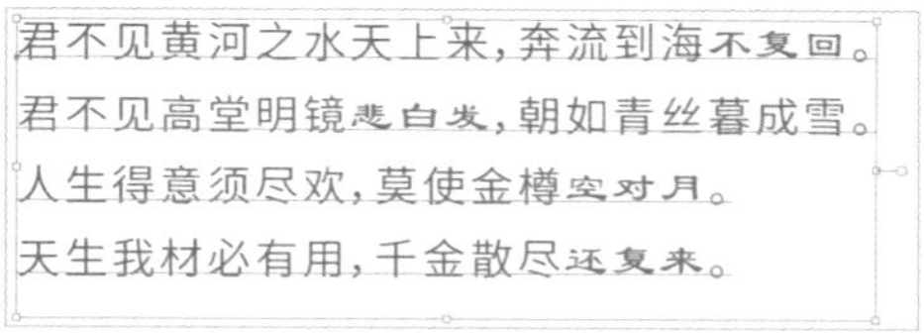

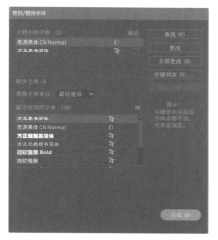

君不见黄河之水天上来，奔流到海不复回。
君不见高堂明镜悲白发，朝如青丝暮成雪。
人生得意须尽欢，莫使金樽空对月。
天生我材必有用，千金散尽还复来。

图 8-22　选中文字

查找/替换字体
思源黑体 CN Normal
查找 (F)
更改
全部更改 (H)
存储列表 (S)...
方正粗黑简体
微软雅黑 Bold
微软雅黑
完成 (D)

图 8-23　“查找 / 替换字体”对话框

提示

使用“查找字体”命令更改文字的字体类型时，被更改文字的颜色和字体大小等属性不会改变。

在对话框中单击想要改变的字体类型，单击对话框中的“查找”按钮，将选中应用了该字体类型的部分文字，然后设置其余参数，单击“更改”按钮，即可为选中文字替换字体类型。并且系统会自动选中相同文字类型的下一部分文字，如图 8-24 所示。

查找完成后，单击对话框中的“全部更改”按钮，即可替换文本中所有应用了该字体类型的文字。全部替换后自动选中全部文本，如图 8-25 所示。

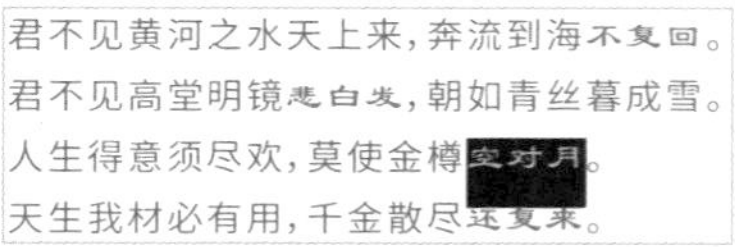

君不见黄河之水天上来，奔流到海不复回。
君不见高堂明镜悲白发，朝如青丝暮成雪。
人生得意须尽欢，莫使金樽空对月。
天生我材必有用，千金散尽还复来。

图 8-24　替换部分字体类型

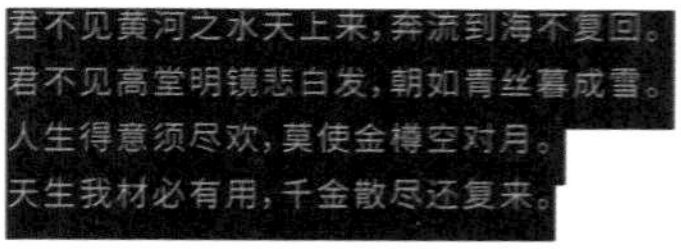

君不见黄河之水天上来，奔流到海不复回。
君不见高堂明镜悲白发，朝如青丝暮成雪。
人生得意须尽欢，莫使金樽空对月。
天生我材必有用，千金散尽还复来。

图 8-25　替换所有字体类型

8.3 管理文字区域

在 Illustrator CC 中，不管是点状文本、区域文本还是路径文本，都可以使用不同的方式调整文本的大小。接下来讲解如何管理文字区域，包括调整文本区域的大小、更改文字区域的边距、调整首行基线偏移、为区域文字设置分栏、文本串接及文字绕排等。

8.3.1　调整文本框大小

创建一段文字，如图 8-26 所示。使用"直接选择工具"将光标移动到控制点上单击并拖曳，调整控制点的位置，可以改变文本框的圆角值，改变后文字会自动调整位置，如图 8-27 所示。使用"选择工具"调整文本框的大小时，文本框中的文字会随着区域宽度和高度的改变，从而自动改变每行的文字数量。

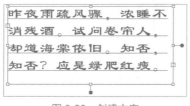
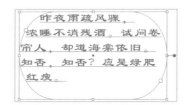

图 8-26　创建文字　　　　　　　　　　图 8-27　调整文本框的大小

> **提示**
>
> 使用"查找字体"命令更改文字的字体类型时，被更改文字的颜色和字体大小等属性不会改变。

如果使用"选择工具"调整文本框的角度，那么文本框中文字的摆放也会随之发生改变，如图 8-28 所示。

使用"选择工具"调整包含文本的路径大小，文本的大小也会随之改变，如图 **8-29** 所示。

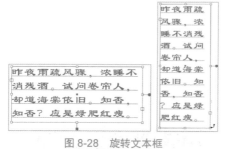

图 8-28　旋转文本框　　　　　　　　　图 8-29　调整路径文字

8.3.2　更改文字区域的边距

在 Illustrator CC 中创建区域文字时，用户可以控制文本和边框路径之间的边距。该边距被称为内边距。

在画板中添加区域文本后，使用"选择工具"选中区域文字，如图 8-30 所示。选择"文字→区域文字选项"命令，打开"区域文字选项"对话框，设置该对话框中的"内边距"选项参数，如图 8-31 所示。单击"确定"按钮，文本框的边距效果如图 8-32 所示。

好雨知时节,当春乃发生。
随风潜入夜,润物细无声。
野径云俱黑,江船火独明。
晓看红湿处,花重锦官城。

好雨知时节,当春乃发生。
随风潜入夜,润物细无声。
野径云俱黑,江船火独明。
晓看红湿处,花重锦官城。

图 8-30　选中文本框　　　图 8-31　设置内边距参数　　　图 8-32　边距效果

8.3.3　案例操作——调整首行基线偏移

源文件:无　　　操作视频:视频 / 第 8 章 / 调整首行基线偏移

Step01 使用"选择工具"选中区域文字,如图 8-33 所示。

Step02 选择"文字→区域文字选项"命令,弹出"区域文字选项"对话框,单击对话框中的"首行基线"选项,弹出如图 8-34 所示的下拉列表。

> **提示**
>
> 区域文字中首行文本与边框顶部的对齐方式被称为"首行基线偏移",用户可以通过调整"首行基线偏移"选项参数,使区域文本中的首行文字紧贴文本框顶部,或者使两者之间间隔一段距离。

图 8-33　选中区域文字

Step03 选择"全角字框高度"选项,在"最小值"文本框中输入数值,如图 8-35 所示。

Step04 单击"确定"按钮,完成对"首行基线"选项的设置,效果如图 8-36 所示。

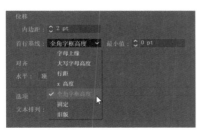

图 8-34　"首行基线"选项下拉列表　　　图 8-35　输入数值　　　图 8-36　基线偏移效果

8.3.4　为区域文字设置分栏

用户在创建区域文字的过程中，可以在"区域文字选项"对话框中设置文本的行数量和列数量，从而实现分栏效果。

使用"文字工具"在画板中创建文本框并输入文字，适当调整区域文字的大小和首行左缩进等参数，如图 8-37 所示。

使用"选择工具"选中区域文字，单击"属性"面板中"区域文字"选项组右下角的"更多选项"按钮 ，弹出"区域文字选项"对话框，在对话框中设置"列"选项下的各项参数，如图 8-38 所示。单击"确定"按钮，分栏效果如图 8-39 所示。

图 8-37　创建区域文字　　　　　　图 8-38　设置参数　　　　　　图 8-39　分栏效果

8.3.5　文本串接

如果当前文本框容量或路径范围不能显示所有文字，可以通过链接文本的方式将文字导出到其他文本框中或路径上。只有区域文本或路径文本可以创建串接文本，直接输入的点状文本无法进行串接。

串接文本是将一个区域中的文字和另一个区域中的文字连接起来，使两个或多个文本之间保持链接关系。

使用"选择工具"选中两个或多个区域文本，选择"文字→串接文本→创建"命令，可将选中的多个区域文本转换为串接文本，如图 8-40 所示。

使用"选择工具"单击文本框区域尾部的 标识，如图 8-41 所示。当光标变为 状态时，将光标置于想要放置文本的位置，单击将溢流文本串接到另一个对象中，如图 8-42 所示。

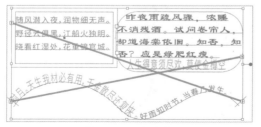

图 8-40　串接文本

选中想要释放的串接文本，如图 8-43

所示。选择"文字→串接文本→释放所选文字"命令，释放后的串接文本重新返回到原始的溢流文本中，如图 8-44 所示。选择"编辑→还原释放串接文本选区"命令，将溢流文本还原到没有释放串接文本之前。

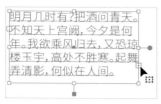

图 8-41　溢流文本

图 8-42　串接溢流文本

图 8-43　选中串接文本

图 8-44　释放串接文本

选中想要移去的串接文本，如图 8-45 所示。选择"文字→串接文本→移去串接文字"命令，区域文字效果如图 8-46 所示。

图 8-45　选中串接文本

图 8-46　移去串接文本

提示

释放串接文本是将所选链接文本重新排列到原始的溢流文本中，而移去串接文本是删除文本链接的同时保留文本区域。

8.3.6　文本绕排

由于用户为文字进行排版设计时经常需要用到文本绕排效果，所以 Illustrator CC 为用户提供了一个非常强大的功能，即在 Illustrator CC 中可以将文本绕排在任何对象上，方便用户可以更快更好地完成文字排版工作。

1. 建立文本绕排

如果想要实现文本绕排效果，首先需要将文本对象排列在围绕对象的下方，再使用"选择工具"选中一个或多个围绕对象，如图 8-47 所示。选择"对象→文本绕排→建立"命令，即可建立文本绕排，绕排效果如图 8-48 所示。

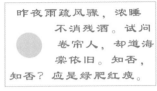

图 8-47　排列顺序并选中所要绕排对象

图 8-48　绕排效果

图 8-49　"文本绕排选项"对话框

2. 设置绕排选项

用户可以在绕排文本之前或之后设置绕排选项。使用"选择工具"选中要绕排的对象，选择"对象→文本绕排→文本绕排选项"命令，弹出"文本绕排选项"对话框，如图 8-49 所示。在该对话框中设置"位移"选项，完成后单击"确定"按钮。

8.3.7　适合标题

想要对齐区域两端时，使用任意一种文字工具单击区域文字中的这个段落，选择"文字→适合标题"命令，即可完成使标题适合文字区域宽度的操作，如图 8-50 所示。

图 8-50　使标题适合文字区域宽度

8.3.8　使文字与对象对齐

如果想要根据实际字形的边界而不是字体度量值对齐文本，可以选择"效果→路径→轮廓化对象"命令，如图 8-51 所示。该命令对文字对象应用轮廓化对象的实时效果。

也可以打开"对齐"面板，选择面板菜单上的"使用预览边界"选项，如图 8-52 所示，设置对齐面板的同时使用预览边界功能。应用这些设置后，文本对象可以获得与"轮廓化文字"相同的对齐方式，同时还可以灵活处理文本。

图 8-51　轮廓化对象

图 8-52　使用预览边界

8.4　编辑路径文字

创建路径文字后，还可以对其进行调整，例如，可以沿路径移动或翻转文本，也可以应用路径文字效果、调整文字对齐路径的方式及调整尖锐转角处的字符间距等。

8.4.1　翻转路径文字

如果用户想要在不改变文字方向的前提下使路径上的文字翻转到路径的另一侧，可以使用"字符"面板中的"基线偏移"选项。

使用任意文字工具在路径上填充占位符文本或选中现有路径文字，如图 8-53 所示。打开"字符"面板，在面板中设置"基线偏移"选项参数，完成后路径文字翻转到路径的另一侧，如图 8-54 所示。

 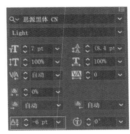 

图 8-53　创建或选中路径文字　　　　　　图 8-54　设置参数后文字翻转

选择"文字→路径文字→路径文字选项"命令，在弹出的"路径文字选项"对话框中选中"翻转"复选框，单击"确定"按钮，也可完成翻转路径文字的操作。

8.4.2　为路径文字应用效果

创建路径文字或选中现有路径文字，选择"文字→路径文字"命令，打开如图 8-55 所示的子菜单。然后从子菜单中选择一种效果，为路径文字应用该效果。图 8-56 所示为应用不同效果的路径文字。

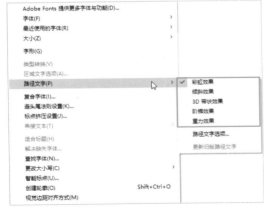 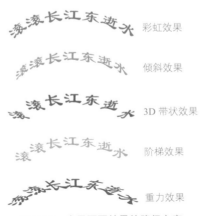

图 8-55　效果选项　　　　　　　　　图 8-56　应用不同效果的路径文字

选择"文字→路径文字→路径文件选项"命令，弹出"路径文字选项"对话框，在"效果"下拉列表中选择一个选项，如图 8-57 所示。完成后单击"确定"按钮，也可完成为路径文字应用效果的操作。

Illustrator CC 为用户提供了字母上缘、字母下缘、中央和基线 4 种路径文字的垂直对齐方式。

选择文字对象，选择"文字→路径文字→路径文件选项"命令，弹出"路径文字选项"对话框，在"对齐路径"下拉列表中选择一个选项，用以指定如何将所有字符对齐到路径（相对字体的整体高度），对齐路径的选项如图 8-58 所示。

图 8-57　效果选项

图 8-58　对齐路径的选项

当字符围绕尖锐曲线或锐角排列时，因为突出展开的关系，字符间可能会出现额外的间距。此时，用户可以通过"路径文字选项"对话框中的"间距"选项缩小或删除曲线上字符间不必要的间距。

创建路径文字或选中现有路径文字，如图 8-59 所示。选择"文字→路径文字→路径文字选项"命令，弹出"路径文字选项"对话框。在"间距"文本框中以点为单位输入一个值。设置较高的值，可消除锐利曲线或锐角处字符间的不必要间距，如图 8-60 所示。

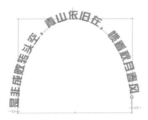

图 8-59　创建或选中路径文字

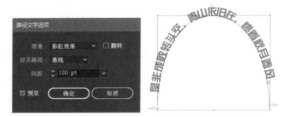

图 8-60　缩小不必要的间距

8.5　应用文字样式

在 Illustrator CC 中，可以为选中的文字和段落应用相应的样式效果，使得文字和段落的结构更加多样化，并增加图稿整体的美观度。

8.5.1　"字符样式"和"段落样式"

字符样式是许多字符格式属性的集合，可应用于选中的文本范围。段落样式包括字符和段落格式属性，并且可应用于选中的段落文本，也可应用于段落范围。

如果想要使用字符样式，选择"窗口→文字→字符样式"命令，弹出"字符样式"面板，如图 8-61 所示。选中要应用字符样式的文字内容，在"字符样式"面板中单击样式名称，即可为文字内容应用选中的字符样式。如果未选择任何文本，则会将样式应用于所创建的新文本上。

如果想要使用段落样式，选择
"窗口→文字→段落样式"命令，
弹出"段落样式"面板，如图 8-62
所示。在画板中选中需要应用样式
的段落文本，再单击"段落样式"
面板中的段落样式，即可为文字对
象应用选中的段落样式。

图 8-61　"字符样式"面板　　图 8-62　"段落样式"面板

　　在文本对象中选择文本或插入光标时，会在"字符样式"和"段落样式"面板中突
出显示现用样式。

8.5.2　删除覆盖样式

　　为文本对象应用字符样式或段落样式后，如果"字符样式"或"段落样式"面板中
样式名称的旁边出现加号，表示该样式具有覆盖样式。此时可以按住【Alt】键再次单击
该样式，即可完整地应用样式，样式后面的加号也会消失。

　　选中应用样式的文字，单击面板右上角的"面板菜单"按钮，在弹出的面板菜单中
选择"清除优先选项"选项，即可删除样式覆盖。

　　如果想要重新定义样式并且还想保持文本的当前外观，需要至少选择文本的一个字
符，然后从面板菜单中选择"重新定义样式"选项，即可完成操作。

　　如果用户使用样式来保持格式的一致性，则应该避免使用优先选项。如果用户想一
次性快速设置文本格式，这些优先选项便不会造成任何问题。

8.5.3　案例操作——新建字符样式和段落样式

源文件：无　　操作视频：视频 / 第 8 章 / 新建字符样式和段落样式

Step01 打开"字符样式"面板，单击面板底部的"创建新样式"按钮 回，弹出"新
建字符样式"对话框，如图 8-63 所示。此时创建字符样式的默认名称为"字符样式 1、
2、3、4……"，用户可以在"样式名称"文本框中输入自己想要的样式名称。

Step02 依次切换到"基本字符格式""高级字符格式""字符颜色"和"Open Type 功
能"选项卡，为创建的字符样式设置各项参数，如图 8-64 所示。单击"确定"按钮，确
认新建字符样式的操作。

图 8-63　"新建字符样式"对话框

图 8-64　设置各项参数

Step 03 打开"段落样式"面板，单击面板底部的"创建新样式"按钮🗒，弹出"新建段落样式"对话框，如图 8-65 所示。此时创建字符样式的默认名称为"段落样式 1、2、3、4……"，用户可以在"样式名称"文本框中输入样式名称。

Step 04 依次切换到"基本字符格式""高级字符格式""缩进和间距"和"Open Type 功能"选项卡，为创建的段落样式设置各项参数，如图 8-66 所示。单击"确定"按钮，确认新建段落样式的操作。

图 8-65　"新建段落样式"对话框　　　　　图 8-66　设置各项参数

8.5.4　管理字符和段落样式

用户在使用字符样式或段落样式的过程中，不仅可以新建样式，还可以对样式进行管理，包括编辑样式、删除样式、复制样式和载入样式等。

编辑样式是指用户可以更改默认字符样式和段落样式的各项定义参数，也可以调整新创建样式的各项定义参数。在更改样式的定义参数时，应用该样式的所有文本都会发生更改，从而与新样式相匹配。

想要编辑样式，在相应面板中选择需要更改参数的样式，单击面板右上角的"面板菜单"按钮，在弹出的面板菜单中选择"字符样式选项"或"段落样式选项"选项，也可以双击样式名称，弹出相应的对话框。在打开的对话框中设置所需的各项参数。设置完选项后，单击"确定"按钮确认更改。

用户在删除字符样式或段落样式时，使用该样式的文字或段落外观并不会改变，但其格式将不再与任何样式相关联。

在"字符样式"或"段落样式"面板中选择一个或多个样式，单击面板右上角的"面板菜单"按钮，在弹出的面板菜单中选择"删除字符样式"或"删除段落样式"选项，如图 8-67 所示，即可删除选中的样式。

选中样式后，也可以单击面板底部的"删除所选样式"按钮🗑；还可以将选中的样式拖曳到面板底部的"删除"按钮上，释放光标后即可删除选中样式，如图 8-68 所示。

复制样式时，首先要在相应面板中选择字

图 8-67　"删除字符样式"选项　　　符样式或段落样式，再直接将选中的样式拖曳

到"创建新样式"按钮上，即可完成复制样式的操作，如图 8-69 所示。

也可以单击面板右上角的"面板菜单"按钮，在弹出的面板菜单中选择"复制字符样式"或"复制段落样式"选项，如图 8-70 所示。释放光标即可完成复制选中样式的操作。

如果用户想要从其他 Illustrator CC 文档中载入字符样式或段落样式，可以单击相应面板右上角的"面板菜单"按钮，在弹出的面板菜单中选择"载入字符样式"或"载入段落样式"选项，也可以在面板菜单中选择"载入所有样式"选项。

图 8-68　删除样式

选择相应选项后，弹出"选择要导入的文件"对话框，在该对话框中选择想要载入的样式文件。单击"打开"按钮，载入的字符和段落样式出现在相应面板上，如图 8-71 所示。

图 8-69　复制样式

图 8-70　"复制字符样式"选项

图 8-71　载入样式

8.6　文本的导入与导出

Illustrator CC 为用户提供了从 Word 文档、RTF 文档和 TXT 文件中导入文本的功能，同时还提供了将设计文件中的文本导出的功能，该功能便于用户将导出文本应用于其他软件中。

8.6.1　将文本导入新文件中

如果用户想要将文本导入到画板中，选择"文件→打开"命令，弹出"打开"对话框，选中需要打开的文本文件，单击"打开"按钮，即可将文本打开到新文件中。

8.6.2　将文本导入现有文件中

如果用户想要将文本导入到当前文档中，可选择"文件→置入"命令或按【Shift+Ctrl+P】组合键，弹出"置入"对话框，选中要导入的文件，单击"置入"按钮，将弹出不同的对话框。

如果置入的是 Word 文档，单击"置入"按钮，会弹出"Microsoft Word 选项"对话框，如图 8-72 所示。在该对话框中可以选择想要置入的文本内容，也可以选中"移去文本格式"复选框，将其作为纯文本置入。如果置入的是纯文本，单击"置入"按钮，

会弹出"文本导入选项"对话框，如图 8-73 所示。

在对话框中设置各项参数，完成后单击"确定"按钮，此时光标变为 状态，在画板的空白处单击即可将文件中的文本导入到画板中，如图 8-74 所示。在画板中的形状边缘处单击即可将文件中的文本导入到该形状中，如图 8-75 所示。

图 8-72　"Microsoft Word 选项"对话框　　图 8-73　"文件导入选项"对话框

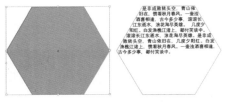

图 8-74　导入画板　　　　　　　　　图 8-75　导入形状

8.6.3　将文本导出到文本文件

选中要导出的文本，选择"文件→导出→导出为"命令，弹出"导出"对话框，如图 8-76 所示。

在"导出"对话框中选择文件要导出的位置，选择保存的类型为"文本格式（*.txt）"，并输入导出文本的文件名称，完成后单击"导出"按钮，弹出"文本导出选项"对话框，如图 8-77 所示。

用户可以在"文本导出选项"对话框中的"平台"和"编码"下拉列表中选择需要的选项，完成设置后单击"导出"按钮，即可将选中文本导出。

图 8-76　"导出"对话框　　　图 8-77　"文本导出选项"对话框

8.7　本章小结

本章介绍了 Illustrator CC 中各种文字工具的使用方法、创建区域文字、设置段落格式、文字样式等各种文字的处理与设置方法，以及导入与导出文字的方法。熟练掌握文字的各种操作和处理方法，可以制作出很多独特的文字效果。

第 9 章
创建与编辑图表

为了便于用户能够快速和直观地查看大量数据，Illustrator CC 为用户提供了强大的图表功能和丰富的图表类型。本章将针对图表的创建与编辑进行讲解，帮助用户快速制作出效果丰富且美观的图表。

本章知识点

（1）掌握创建图表的方法。
（2）掌握创建组合图表的方法。
（3）掌握设置图表格式的方法。

9.1 创建图表

图表可以直观地反映各种统计数据的比较结果，因此在工作中得到了广泛应用。使用 Illustrator CC 可以制作不同类型的图表，包括柱形图表、堆积柱形图表、条形图表、堆积条形图表、折线图表、面积图表、散点图表、饼图表和雷达图表。

单击并按住工具箱中的"图表工具组"按钮 ，弹出如图 9-1 所示的图表工具组，该工具组包含用户可以创建的所有图表种类。

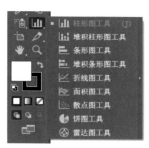

图 9-1　图表工具组

9.1.1　案例操作——使用图表工具创建图表

源文件：无　　操作视频：视频 / 第 9 章 / 使用图表工具创建图表

Step01 单击工具箱中的"柱形图工具"按钮 ，将光标移至画板中想要放置图表的位置，单击并沿对角线的方向拖曳绘制一个矩形框，释放光标后，画板中出现具有单组数据的柱形图，如图 9-2 所示。

Step02 同时弹出"图表数据"对话框，如图 9-3 所示。单击对话框中的一个单元格，在上方的文本框中输入数值；重复该操作直到所有数据全部添加到对话框中，单击对话框右上角的"应用"按钮 或者按【Enter】键，输入的数据按照规则反映在画板中的图表上，如图 9-4 所示。

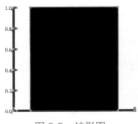

图 9-2 柱形图

图 9-3 "图表数据"对话框

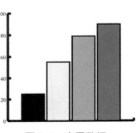

图 9-4 应用数据

Step03 使用"柱形图工具"在画板中单击，弹出"图表"对话框，在该对话框中设置图表的宽度和高度，如图 9-5 所示。

Step04 单击"确定"按钮，画板中出现具有单组数据的柱形图并弹出"图表数据"对话框，如图 9-6 所示。同样在对话框中输入多组不同的数值，并将其应用在图表中，即可完成图表的创建。

图 9-5 "图表"对话框

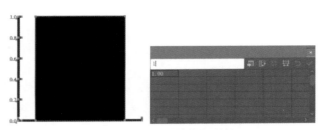

图 9-6 出现柱形图并弹出对话框

图 9-7 出现柱形图并弹出对话框

9.1.2 输入图表数据

用户可以使用"图表数据"对话框为创建的图表输入数据。在 Illustrator CC 中使用任意图表工具创建图表时，都会自动显示"图表数据"对话框，如图 9-7 所示。

1. 在单元格中输入数据

使用"选择工具"选中一个图表，选择"对象→图表→数据"命令，或者右击，在弹出的快捷菜单中选择"数据"命令，都可以打开"图表数据"对话框。选择一个单元格，在对话框顶部的文本框中输入数据。

输入数据时，按【Tab】键可以输入数据并选择同一行中的下一单元格；按【Enter】键可以输入数据并选择同一列中的下一单元格；使用键盘上的方向键可以在单元格之间移动。如果需要在不相邻的单元格中输入数据，只需单击所需单元格将其选中，再输入数据即可。

2. 配合 Excel 文件输入数据

除了在对话框内逐一为单元格添加数据的方法，用户还可以打开存有数据的 Excel 文件，选中所需的数据后，单击左上角的"复制"按钮或按【Ctrl+C】组合键复制数据，如图 9-8 所示。当选中数据处于被绿色虚线框包围状态时，代表数据已被复制。

复制完成后回到 Illustrator CC 中并激活"图表数据"对话框，单击对话框中的某个单元格，将其定义为初始位置。选择"编辑→粘贴"命令或按【Ctrl+V】组合键，可将复制的数据粘贴到对话框中,如图 9-9 所示。单击"应用"按钮,所选图表的数据随之发生变化。

图 9-8 复制所需数据

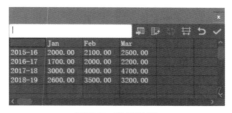

图 9-9 粘贴数据

> **提示**
>
> 用户在"图表数据"对话框中输入数据时,输入的图表数据必须按规则进行排列,这样画板中的图表才有意义。不同类型的图表,其数据的排列规则也会因为表现形式的不同而有所变化。

3. 使用"导入数据"按钮输入数据

用户还可以通过"图表数据"对话框中的"导入"按钮,为图表添加数据。选中想要开始添加数据的单元格,单击对话框中的"导入数据"按钮,在弹出的"导入图表数据"对话框中选择所需的 TXT 文件,如图 9-10 所示。单击"打开"按钮,数据被导入到"图表数据"对话框中,如图 9-11 所示。单击"应用"按钮,所选图表的数据随之发生变化。

图 9-10 "导入图表数据"对话框

图 9-11 导入数据

9.1.3 输入标签和类别

在图表中,标签和类别都由一些词语或数字组成,分别用于描述图表中要比较的数据组和数据组的所属类别。用户可以在"图表数据"对话框中定义图表的数据组标签和数据组类别。

使用"柱形图工具"在画板中绘制图表后,"图表数据"对话框被打开,按【Delete】键将第一行第一个单元格中的数据删除,即可使创建完成的柱形图包含图例。

继续在对话框的顶行单元格中输入词语或数字,为数据组定义标签;在左列单元格中输入词语或数字,为数据组添加标题类别;再输入相应的数据组,如图 9-12 所示。

单击对话框中的"应用"按钮，可以看到图表的变化，效果如图 9-13 所示。如果无须输入数据，单击对话框右上角的"关闭"按钮即可。

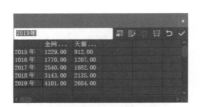

图 9-12　图表数据

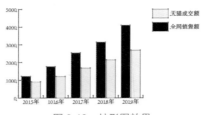

图 9-13　柱形图效果

提示

图表中的类别通常是时间单位，如年、月或日。这些类别会沿图表的水平轴或垂直轴显示，但是雷达图表的类别不同，它的每个类别都产生单独的轴。

9.1.4　为不同图表输入数据组

在 Illustrator CC 中，不同图表类型的创建方式和数据组输入方式是相同的，但是因为表现方式和作用的不同，使各类型图表在数据组范围上具有一定的差别性。

1. 柱形图表

柱形图表是一种常用的图表类型，使用工具箱中的"柱形图工具"创建该类图表。这类图表以坐标的方式逐栏显示输入的数据，柱的高度代表所比较的数值。

在一个柱形图表中，可以组合显示正值和负值；代表正值数据组的柱形显示在水平轴上方，代表负值数据组的柱形显示在水平轴下方。创建柱形图表后，用户可以直接在图表上读出不同形式的统计数值，如图 9-14 所示。

2. 堆积柱形图表

使用工具箱中的"堆积柱形图工具"可以在画板中创建堆积柱形图表。堆积柱形图表与普通柱形图表类似，但是表现方式不同。堆积柱形图表是将柱形逐一叠加，而不是相互并列，因此，这类图表一般用于表示局部与整体的关系。与柱形图表能够同时显示正值与负值不同，堆积柱形图表中的数据组必须全部为正数或全部为负数，如图 9-15 所示。

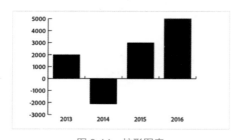

图 9-14　柱形图表

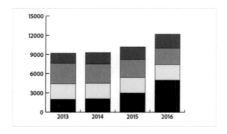

图 9-15　堆积柱形图表

3. 条形图表

使用工具箱中的"条形图工具"可以完成条形图表的创建。条形图表与柱形图表类似，区别在于该类图表是在水平坐标轴上进行数据比较，即条形图表中的数据组使用横条的长度来表示数值的大小。在一个条形图表中，同样可以组合显示正值和负值；代表正值数据组的条形显示在水平轴右面，代表负值数据组的条形显示在水平轴左面，如图 9-16 所示。

4. 堆积条形图表

使用工具箱中的"堆积条形图工具"可以在画板中创建堆积条形图表。堆积条形图表与堆积柱形图表类似，区别在于堆积条形图表使用横向叠加的条形来表示需要比较的数据。对于堆积柱形图表中的数据组来说，必须全部为正数或全部为负数，如图 9-17 所示。

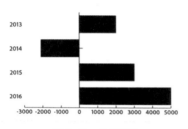

图 9-16　条形图表

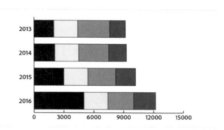

图 9-17　堆积条形图表

5. 折线图表

使用工具箱中的"折线图工具"可以完成折线图表的创建。折线图表用点表示一组或者多组数据，并用折线将代表同一组数据的所有点进行连接，同时使用不同颜色的折线区分不同的数据组。在折线图表中，同样可以同时显示正值数据组和负值数据组，如图 9-18 所示。

6. 面积图表

使用工具箱中的"面积图工具"可以完成面积图表的创建，该类图表是在数据产生处和水平坐标相连接的区域内填充不同的颜色，从而体现整体数值的变化趋势，如图 9-19 所示。

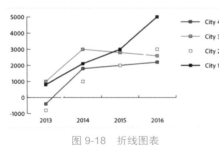

图 9-18　折线图表

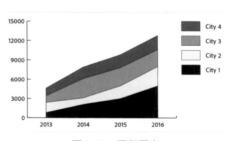

图 9-19　面积图表

> **提示**
>
> 在面积图表中，数据必须全部为正数或全部为负数，并且输入的每个数据行都与面积图上的填充区域相对应。

7. 散点图表

使用工具箱中的"散点图工具"可以在画板中创建散点图表，该类图表以 x 轴和 y 轴为坐标，使用直线将两组数据交汇处形成的坐标点连接起来，从而反映数据的变化趋势。

创建散点图表后，为了用户能够更好地理解散点图表，可以取消选中"图表类型"对话框中的"连接数据点"复选框。完成后图表中的连接线被移除，如图 9-20 所示。

8. 饼图表

使用工具箱中的"饼图工具"可以完成饼图表的创建。饼图表的主体部分由一个圆组成，图表中不同大小的扇形代表不同的数据组。

如果只在"图表数据"对话框中输入一行均为正值或均为负值的数据，将创建单一的饼图，如图 9-21 所示。使用"编组选择工具"选中饼图表上的一组数据，将其拖曳出一定的距离，可以达到强调效果。

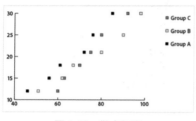

图 9-20　散点图表

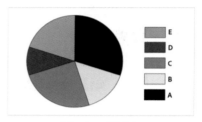

图 9-21　饼图表

9. 雷达图表

使用工具箱中的"雷达图工具"可以在画板中创建雷达图表，该类型图表主要使用环形显示所需比较的多个数据组。由于较难理解，所以很少使用。

雷达图表的每个数字都被绘制在轴上，并且连接到相同轴的其他数字上，最终创建出一个"网"。在一个雷达图表中，同样可以组合显示正值和负值，如图 9-22 所示。

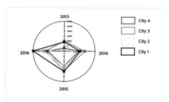

图 9-22　雷达图表

9.1.5　调整列宽

创建图表时，用户可以在"图表数据"对话框中调整列宽和小数位数。调整列宽后，可以在对话框中的每个单元格上查看更多或更少的小数位数，并且这项更改不影响图表样式中的列宽。

为图表输入数据的过程中，"图表数据"对话框为打开状态，单击"单元格样式"按钮 ，弹出"单元格样式"对话框，在"列宽度"文本框中输入数值，范围为 0~20，如图 9-23 所示。单击"确定"按钮，对话框中每个单元格的列宽调整为相应参数，如图 9-24 所示。使用此方法调整列宽时，调整对象针对全部单元格的列宽。

用户也可以在"图表数据"对话框中将光标放置到想要调整的列边缘，当光标变为"双箭头"状态 时，单击并向左或向右拖曳到所需位置，释放光标后即可完成调整列宽的操作，如图 9-25 所示。使用此方法调整列宽时，调整对象只针对当前单元格的列宽。

图 9-23　设置参数

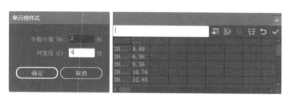

图 9-24　调整列宽

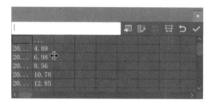

图 9-25　调整列宽

9.1.6　案例操作——创建柱状图和折线图组合图表

源文件：视频 / 第 9 章 / 创建柱状图和折线图组合图表
操作视频：视频 / 第 9 章 / 创建柱状图和折线图组合图表

Step01 打开"901.ai"文件，将图表置于未选中状态，使用"编组选择工具"双击想要更改类型的数据组或数据组图例，选中图表中的所有同类数据组，如图 9-26 所示。

Step02 选择"对象→图表→类型"命令或双击工具箱中的任意图表工具，弹出"图表类型"对话框，如图 9-27 所示。

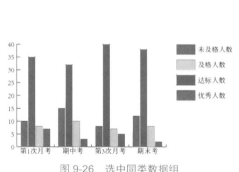

图 9-26　选中同类数据组

图 9-27　"图表类型"对话框

提示

　　散点图表不能与其他任何图表类型组合，因此，除了散点图表，用户可以将任何类型的图表与其他类型的图表进行组合。

Step03 在"图表类型"对话框中选择所需的图表类型和选项，如图 9-28 所示。

Step04 单击"确定"按钮，柱形图表变为组合图表，如图 9-29 所示。

图 9-28 设置参数

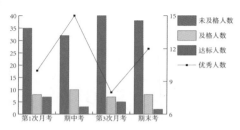

图 9-29 组合图表

9.2 设置图表格式

创建图表后，用户可以使用多种方法对图表的格式进行设置，这些方法包括修改图表中的数值轴外观和位置、添加投影、移动图例及设置图表中的文本格式等。

9.2.1 选择图表部分

如果想要编辑图表，首先需要在不取消图表编组的情况下，使用"直接选择工具"或"编组选择工具"选择要编辑的部分。

在 Illustrator CC 中创建图表后，图表的元素彼此间互相关联。如果图表包含图例，那么用户可以将整个图表看作一个编组对象。在这个编组对象中，所有数据组是图表的次组；包含图例的数据组是所有数据组的次组；每个值都是其数据组的次组。

使用"编组选择工具"单击图表中的某个图例将其选中，在不移动"编组选择工具"的情况下，再次单击该图例，选中图表中的所有相关数值组柱形，如图 9-30 所示；在选中所有相关数值组后，再次单击该图例，选中图表中的所有数值组柱形及图例；在选中所有数值组和图例的基础上，再次单击该图例，选中整个图表，包括所有数值组、图例、类别轴和数值轴等，如图 9-31 所示。

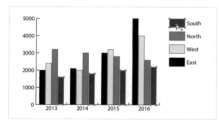

图 9-30 双击选中图表部分内容

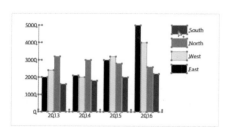

图 9-31 四击选中全部图表

用户也可以使用"编组选择工具"单击图表中的某一数据组柱形，选中该数据组柱形；在此基础上，再次单击该数据组柱形，即可选中图表中的所有同类数值组柱形，如图 9-32 所示；在选中所有同类数据组柱形的基础上，再次单击该柱形，则选中所有的同类柱形及图例，如图 9-33 所示。按住【Shift】键的同时使用"直接选择工具"单击图表中的选中内容，即可取消选中内容。

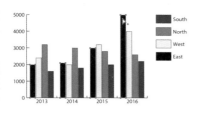

图 9-32　双击选中同类柱形

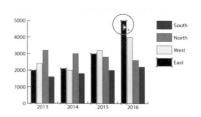

图 9-33　三击选中同类柱形及图例

9.2.2　案例操作——更改数据组的外观

源文件：视频 / 第 9 章 / 更改数据组的外观
操作视频：视频 / 第 9 章 / 更改数据组的外观

Step 01 打开"902.ai"文件，保持柱形图的未选中状态，使用"编组选择工具"在黑色的数值轴上单击 3 次，将图表中的所有黑色数值轴选中，如图 9-34 所示。

Step 02 打开"颜色"面板，单击"面板菜单"按钮，在弹出的面板菜单中选择"RGB（R）"或"CMYK（C）"选项，如图 9-35 所示。

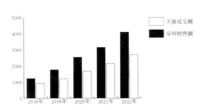

图 9-34　双中黑色数值轴

图 9-35　设置颜色模式

Step 03 单击工具箱底部的"填色"颜色块或单击"颜色"面板左上角的"填色"颜色块，弹出"拾色器"对话框，设置相应的颜色，单击"确定"按钮，效果如图 9-36 所示。

Step 04 打开"属性"面板，用户可以在面板中的"外观"选项组中为数值组修改填色颜色、描边粗细、描边颜色、不透明度及添加一些效果，如图 9-37 所示。

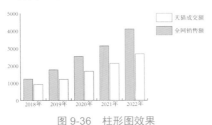

图 9-36　柱形图效果

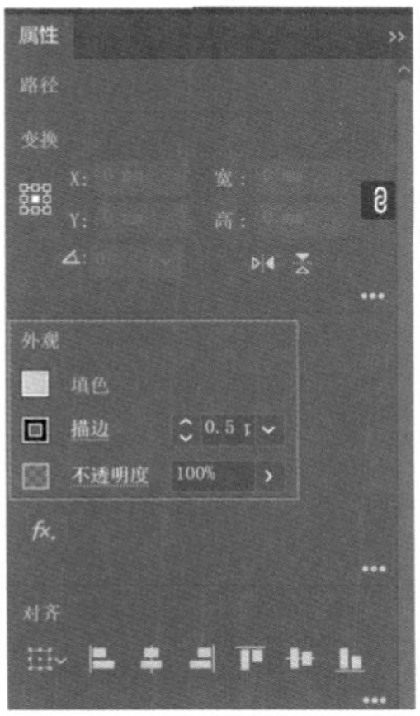

图 9-37　修改数值组外观

9.2.3　缩小或扩大图表

创建图表或使用"选择工具"选中图表后，选择"对象→变换→缩放"命令或者双击工具箱中的"比例缩放工具"按钮，弹出"比例缩放"对话框，在对话框中设置缩放或扩大的比例数值，如图 9-38 所示。单击"确定"按钮，完成缩放或扩大图表的操作。

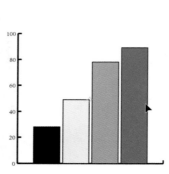

也可以选中一个图表后，使用"比例缩放工具" 将光标置于图表周围，再单击并拖曳光标到任意位置，当图表对象变为所需大小，释放光标，完成按比例缩放或扩大图表的操作，如图 9-39 所示。

图 9-38　设置参数　　　　图 9-39　拖曳图表等比例变换大小

9.2.4　案例操作——更改数据组的类型

源文件：视频 / 第 9 章 / 更改数据组的类型
操作视频：视频 / 第 9 章 / 更改数据组的类型

Step01 打开"903.ai"文件，使用"选择工具"选中图表，如图 9-40 所示。打开"属性"面板，单击面板底部的"图表类型"按钮，如图 9-41 所示。

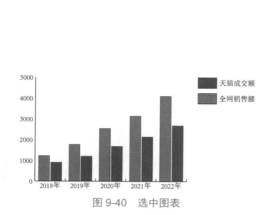

图 9-40　选中图表

图 9-41　单击"图表类型"按钮

Step02 单击"类型"选项组中的"面积图"按钮，如图 9-42 所示。

Step03 单击"确定"按钮，柱形图表转换为所选图表类型，效果如图 9-43 所示。

Step04 也可以选择"对象→图表→类型"命令或者双击工具箱中的任意图表工具按钮，打开"图表类型"对话框。

图 9-42　单击"面积图"按钮

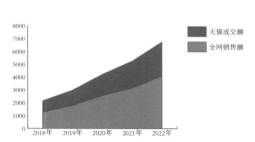

图 9-43　柱形图表转换为所选图表类型

9.2.5　更改图例的位置

默认情况下，图表的图例显示在图表右侧。通过设置，可以选择在图表顶部或其他位置显示图例。

1. 显示在顶部位置

使用"选择工具"选择一个图表，如图 9-44 所示。单击"属性"面板底部的"图表类型"按钮或者选择"对象→图表→类型"命令，或者双击工具箱中的任意图表工具按钮，都可以弹出"图表类型"对话框。

在"图表类型"对话框中选中"在顶部添加图例"复选框，如图 9-45 所示。单击"确定"按钮，图表的图例显示位置由右侧更改为顶部，如图 9-46 所示。

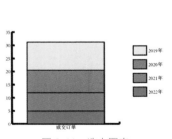

图 9-44　选中图表

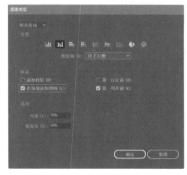

图 9-45　选中"在顶部添加图例"复选框

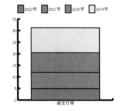

图 9-46　图例显示在顶部

2. 显示在其他位置

将图例显示在图表顶部后，发现第一个图例与垂直数值轴的距离较短，有碍整个图表的美观度。此时可以使用"编组选择工具"或键盘上的方向键将图例移动到其他位置。

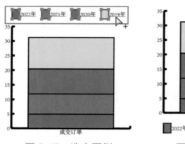

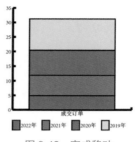

选中要移动的一个或多个图例，如图 9-47 所示。使用"编组选择工具"单击并向任意方向拖曳图例，将图例拖曳到想要摆放的位置，释放光标即可完成移动，如图 9-48 所示。

图 9-47　选中图例　　　　图 9-48　完成移动

9.2.6　设置数值 / 类别轴的格式

在 Illustrator CC 中，除了饼图表，其余所有图表类型都有显示测量单位的数值轴。用户可以选择在图表的一侧显示数值轴或者两侧都显示数值轴。柱形、堆积柱形、条形、堆积条形、折线和面积图表还具有在图表中定义数据类别的类别轴。

图 9-49　"图表类型"对话框

1. 数值轴

使用"选择工具"选择一个图表，右击，在弹出的快捷菜单中选择"类型"命令，弹出"图表类型"对话框，单击对话框左上角的选项，在弹出的下拉列表中选择"数值轴"选项，如图 9-49 所示。

选择完成后，"图表类型"对话框中的参数选项切换为"数值组"的相关选项内容，如图 9-50 所示。这些选项内容可以帮助用户设置数值轴的刻度线和标签的格式等。

2. 类别轴

如果想要设置图表的类别轴，首先应选中一个图表并打开"图表类型"对话框。单击对话框左上角的选项，并在弹出的下拉列表中选择"类别轴"选项，参数选项切换为相关内容，如图 9-51 所示。

图 9-50　"数轴值"选项参数

图 9-51　"类别轴"的参数选项

9.2.7　为数值轴指定不同比例

如果一个图表包含多个数据组且数据组作用于不同的说明释义，则可以为每个数值轴指定不同的数据组，这样可以为每个数值轴生成不同的比例。用户在创建组合图表时，会经常使用此技术。

使用"编组选择工具"双击图例，选中相关数值组和图例，如图 9-52 所示。选择"对象→图表→类型"命令或者双击工具箱中的任意图表工具按钮，都可打开"图表选项"对话框。单击"数值轴"选项，弹出如图 9-53 所示的下拉列表。选中列表中的任意选项，单击"确定"按钮，数值轴的显示位置将发生相应改变，如图 9-54 所示。

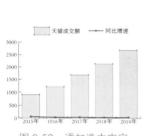

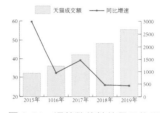

图 9-52　添加选中内容　　　　图 9-53　下拉列表　　　　图 9-54　调整数值轴的显示位置

9.2.8　设置不同图表的格式

在 Illustrator CC 中，通过设置列宽、重叠方式和排列方式等参数，能够达到为柱形、堆积柱形、条形和堆积条形图表调整格式的目的；通过设置线段宽度、连接方式和数据点的外观等参数，能够达到为折线、散点和雷达图表调整格式的目的；为饼图表设置图例的显示方式、排序方式和位置等参数，可以调整图表格式。

1.（堆积）柱形和（堆积）条形图表格式

使用"选择工具"选择一个图表，如图 9-55 所示，右击，在弹出的快捷菜单中选择"类型"命令，打开"图表类型"对话框，如图 9-56 所示。用户可在对话框的"样式"和"选项"选项组中设置参数，完成后单击"确定"按钮。

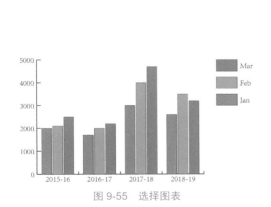

图 9-55　选择图表　　　　　　　图 9-56　"图表类型"对话框

2. 折线、散点和雷达图表格式

选中一个折线、散点或雷达图表，如图 9-57 所示。双击工具箱中的任意图表工具按钮，弹出"图表类型"对话框，如图 9-58 所示。用户可在对话框的"选项"选项组中调整图表中的线段和数据点，完成后单击"确定"按钮。

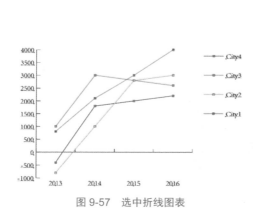

图 9-57　选中折线图表

图 9-58　"图表类型"对话框

3. 饼图表格式

选中一个饼图表，如图 9-59 所示。选择"对象→图表→类型"命令，弹出"图表类型"对话框，如图 9-60 所示。用户可在对话框下方的"选项"选项组中设置参数，完成后单击"确定"按钮。

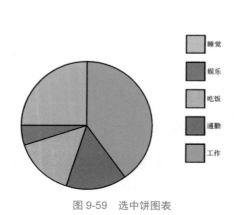

图 9-59　选中饼图表

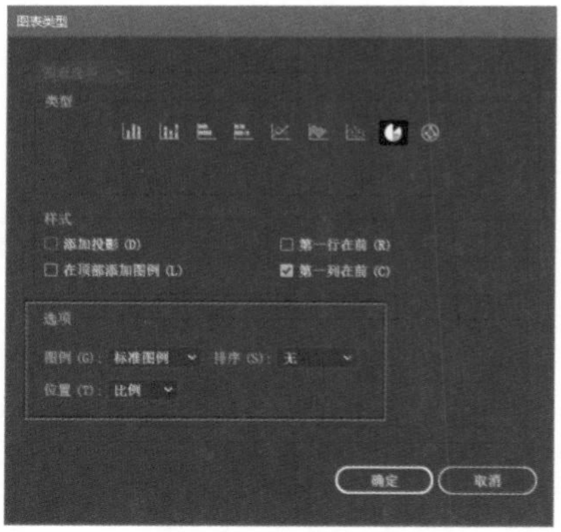

图 9-60　"图表类型"对话框

9.3　本章小结

本章主要讲解的是 Illustrator CC 中的图表功能。通过学习本章内容，用户应了解 Illustrator CC 中能够制作的图表类型，以及不同类别图表的用途，掌握设置图表属性和修改图表格式和外观的方法。

第 10 章
效果的使用

　　通过为对象应用填色、描边、效果等外观属性，可以实现更加丰富的图形效果。Illustrator CC 中提供了丰富的图形样式和效果，使用户能够快速而方便地创建出令人印象深刻的特殊外观。本章将针对效果的使用进行学习，帮助用户快速掌握为图形添加特殊外观的方法和技巧。

本章知识点

　　（1）掌握效果的使用方法。
　　（2）掌握添加 Illustrator 效果的方法。
　　（3）掌握添加 Photoshop 效果的方法。

10.1　使用效果

　　Illustrator CC 中包含了多种效果，用户可以对某个对象、组或图层应用这些效果，用以改变其特征。对象应用效果后，效果会显示在"外观"面板中。从"外观"面板中，可以编辑、移动、复制、删除效果或将效果存储为图形样式的一部分。

10.1.1　"效果"菜单

　　单击菜单栏中的"效果"选项，弹出"效果"菜单列表，其上半部分的效果是矢量效果，如图 10-1 所示。在"外观"面板中，只能将这些效果应用于矢量对象，或者为某个位图对象应用填色或描边。对于这一规则，上半部分中的 3D 和材质效果、SVG 滤镜效果、变形效果、扭曲和变换效果，以及风格化效果中的投影、羽化、内发光和外发光，可以同时应用于矢量和位图对象。

　　Illustrator CC 中"效果"菜单的下半部分是栅格效果，用户可以将它们应用于矢量对象或位图对象，如图 10-2 所示。

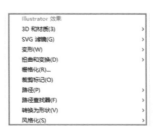

图 10-1　矢量效果

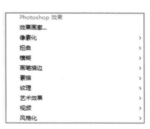

图 10-2　栅格效果

10.1.2　应用效果

如果用户想对一个对象的属性（如填充或描边）应用效果，可以使用"选择工具"在画板中选中对象，并在"外观"面板中选择想要改变的属性。

从"效果"菜单中选择任意一个命令，或者单击"外观"面板底部的"添加新效果"按钮 *fx*，并从效果列表中选择一种效果。如果出现对话框，则根据自己的需要进行设置，完成后单击对话框中的"确定"按钮，所选对象即添加了效果。

图 10-3　"文档栅格效果设置"对话框

10.1.3　栅格效果

Illustrator CC 中的栅格效果的作用是为对象生成像素内容，即删除对象上的矢量数据。栅格效果包括 SVG 滤镜和"效果"菜单下半部分的所有效果，以及"效果→风格化"子菜单中的"投影""内发光""外发光"和"羽化"命令。

选择"效果→文档栅格效果设置"命令，弹出"文档栅格效果设置"对话框，如图 10-3 所示。用户可以在该对话框中设置文档的栅格化选项，完成后单击"确定"按钮。

10.1.4　编辑或删除效果

选中应用效果的对象 / 组，打开"外观"面板，单击面板中具有下画线的效果名称，弹出相应的效果对话框，在对话框中调整所需参数，如图 10-4 所示。单击"确定"按钮，完成编辑效果的操作。

在打开的"外观"面板中选中效果，单击"删除"按钮 🗑，或者将效果拖曳至"删除"按钮上，如图 10-5 所示。释放鼠标后，完成删除效果的操作。

图 10-4　编辑效果

图 10-5　删除效果

10.2　添加 Illustrator 效果

在 Illustrator CC 中，"效果"菜单被分为 Illustrator 效果和 Photoshop 效果两大类，

分别适用于矢量对象和位图对象。其中适用于矢量对象和位图对象的 Illustrator 效果又被详细划分为 10 组，包括"3D 和材质""SVG 滤镜""变形""扭曲和变换""栅格化""裁剪标记""路径""路径查找器""转换为形状""风格化"。

10.2.1　3D 效果

在 Illustrator CC 中，使用"效果"菜单下的"3D 和材质"命令及"窗口"菜单下的"3D 和材质"面板可以制作出很多新颖、有趣的立体效果。

10.2.2　SVG 滤镜

用于 Web 的 GIF、JPEG、WBMP 和 PNG 位图图像格式，都使用像素网格描述图像。这些格式生成的文件可能会很大，并且局限于较低的分辨率，最终导致这些位图图像在 Web 上占用大量带宽。

Illustrator CC 为了解决这一问题，衍生出了 SVG 的矢量格式，其将图像描述为形状、路径、文本和滤镜效果，因此生成的文件很小，可在 Web、打印机甚至资源有限的手持设备上提供较高品质的图像。

> **提示**
>
> Illustrator CC 中的"存储为 Web 和设备所用格式"命令提供了一部分 SVG 导出选项，使用这些选项导出的 SVG 格式图形，适用于 Web 作品。

1. 应用 SVG 滤镜

选中对象，如果想要应用具有默认设置的 SVG 滤镜效果，可选择"效果→ SVG 滤镜"命令，在弹出的如图 10-6 所示的子菜单中选择任意效果即可。

如果想要应用具有自定设置的 SVG 效果，可选择"效果→ SVG 滤镜→应用 SVG 滤镜"命令，弹出"应用 SVG 滤镜"对话框，如图 10-7 所示。在该对话框中选择某一默认设置效果，再单击"编辑 SVG 滤镜"按钮 _fx_，弹出"编辑 SVG 滤镜"对话框，如图 10-8 所示。在该对话框中编辑默认代码，完成后单击"确定"按钮。

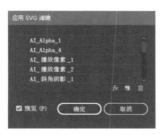

图 10-6　子菜单　　　图 10-7　"应用 SVG 滤镜"对话框　　　图 10-8　"编辑 SVG 滤镜"对话框

如果想要创建并应用新的 SVG 滤镜效果，可选择"效果→ SVG 滤镜→应用 SVG 滤镜"命令，在弹出的"应用 SVG 滤镜"对话框中单击"新建 SVG 滤镜"按钮 ，弹出"编辑 SVG 滤镜"对话框，如图 10-9 所示。在对话框中输入新代码，完成后单击"确

图 10-9   "编辑 SVG 滤   图 10-10   新建的 SVG 滤镜
镜"对话框

定"按钮。新建的 SVG 滤镜出现在
"应用 SVG 滤镜"对话框的列表底
部,如图 10-10 所示。

提示

当为对象应用 SVG 滤镜效果
时,Illustrator CC 会在画板上显示效
果的栅格化版本。可以通过修改文
档的"栅格化分辨率"选项来控制
此预览图像的分辨率。

2. "SVG 交互"面板

选择"窗口→ SVG 交互"命令,打开"SVG 交互"面板,如图 10-11 所示,用户可
以通过此面板将交互内容添加到图稿中,也可以使用"SVG 交互"面板查看与当前文件
相关联的所有事件和 JavaScript 文件。

如果用户想要使用"SVG 交互"面板删除一个事件,那么需要选择该事件,再单击
"删除"按钮 ,或者选择面板菜单中的"删除事件"选项即可,如图 10-12 所示。如果想
要删除"SVG 交互"面板中的所有事件,只需选择面板菜单中的"清除事件"选项即可。

单击"SVG 交互"面板底部的"链接 JavaScript 文件"按钮 ,或者选择面板菜单
中的"JavaScript 文件"选项,都可以打开"JavaScript 文件"对话框,如图 10-13 所示。
再单击"JavaScript 文件"对话框左下角的"添加"按钮,弹出"添加 JavaScript 文件"
对话框,如图 10-14 所示。

图 10-11   "SVG 交互"   图 10-12   "删除事件"选项   图 10-13   "JavaScript 文件"
面板   对话框

单击"选择…"按钮,弹出"选择 JavaScript 文件"对话框,如图 10-15 所示。在对
话框中选择一个 JavaScript 文件后,单击"打开"按钮,回到"添加 JavaScript 文件"对
话框,对话框中显示刚刚选择的 JavaScript 文件,如图 10-16 所示。

图 10-14   "添加 JavaScript   图 10-15   "选择 JavaScript   图 10-16   显示 JavaScript 文件
文件"对话框   文件"对话框

单击"添加 JavaScript 文件"对话框中的"确定"按钮，回到"JavaScript 文件"对话框，刚刚选择的 JavaScript 文件置于对话框中。在添加了 JavaScript 文件的对话框中单击"移去"按钮，即可删除所选的 JavaScript 选项。单击"清除"按钮，可以删除对话框中的所有 JavaScript 选项。

3. 将 SVG 交互添加到图稿中

打开"SVG 交互"面板，在面板中选择一个事件，如图 10-17 所示。在事件下面的 JavaScript 文本框中输入对应的 JavaScript 代码，完成后按【Enter】键，即可将 SVG 交互添加到面板中，如图 10-18 所示。

图 10-17　选择事件　图 10-18　输入 JavaScript 代码

10.2.3　变形效果

如果用户想要改变对象的形状和外观，那么使用"效果"菜单下的"变形"命令组是比较方便的方法，而且它还在改变对象外观形状的基础上，永久保留对象的原始几何形状。变形的对象包括路径、文本、网格、混合图像、位图图像。而 Illustrator CC 将"变形效果"设置为实时的，这就意味着用户可以随时修改或删除效果。

选择一个对象，选择"效果→变形"命令，弹出的子菜单列表包括"弧形""下弧形""上弧形""拱形""凸出""凹壳""凸壳""旗形""波形""鱼形""上升""鱼眼""膨胀""挤压"和"扭转"，如图 10-19 所示。

选择子菜单中的任意一种变形选项，打开"变形选项"对话框，此时对话框中的"样式"设置为刚刚选择的变形选项，如图 10-20 所示。在对话框中选择变形方向，并指定要应用的扭曲量，单击"确定"按钮完成添加变形效果的操作。

图 10-19　变形　图 10-20　"变形选项"
效果　对话框

10.2.4　扭曲和变换效果

"效果"菜单下的"扭曲和变换"命令组主要用于扭曲对象的形状，或者改变对象的大小、方向、位置等。

选择"效果→扭曲和变换"命令，弹出包含 7 种变换效果的子菜单列表，如图 10-21 所示。通过这些命令可以为对象创建各种扭曲效果，其中的"变换"命令与选择"对象→变换→分别变换"命令基本相同。

1. 变换效果

使用"变换"命令，可以通过在对话框中重设大小、移动、旋转、镜像（翻转）和复制的方法，改变对象形状。选择"效果→扭曲和变换→变换"命令，弹出"变换效果"对话框，如图 10-22 所示。

图 10-21　变换效果的子菜单

图 10-22　"变换效果"对话框

图 10-23　对象的原始效果和变换效果

在"变换效果"对话框中设置各项参数，设置完成后单击"确定"按钮，即可完成对象的扭曲变换效果，图 10-23 所示为对象的原始效果和变换效果。

2. 扭拧效果

使用"扭拧"命令可以随机向内或向外弯曲和扭曲路径段。选择一个对象，选择"效果→扭曲和变换→扭拧"命令，弹出"扭拧"对话框，如图 10-24 所示。在该对话框中设置好参数后，单击"确定"按钮，使对象随机产生向内或向外的扭曲效果。图 10-25 所示为应用扭拧效果前后的对象外观。

图 10-24　"扭拧"对话框

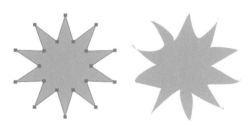

图 10-25　应用扭拧效果前后的对象外观

3. 扭转效果

使用"扭转"命令可以将选中对象进行顺时针或逆时针的扭转变形。选择一个对象，如图 10-26 所示。选择"效果→扭曲和变换→扭转"命令，弹出"扭转"对话框，设置扭转"角度"，如图 10-27 所示。单击"确定"按钮，完成对象的扭转操作，如图 10-28 所示。

图 10-26　选中对象　　　　图 10-27　设置扭转角度　　　　图 10-28　扭转效果

4. 收缩和膨胀效果

使用"收缩和膨胀"命令，可以使选中对象，以其锚点为编辑点，产生向内凹陷或者向外膨胀的变形效果。

选中一个对象，选择"效果→扭曲和变换→收缩和膨胀"命令，弹出"收缩和膨胀"对话框，如图 10-29 所示。在对话框中设置参数，单击"确定"按钮，完成操作。图 10-30 所示为应用了收缩和膨胀效果的对象外观。

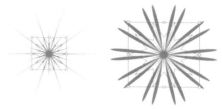

图 10-29　"收缩和膨胀"对话框　　　　图 10-30　应用了收缩和膨胀效果的对象外观

5. 波纹效果

使用"波纹效果"命令，可以将选中对象的路径变换为同样大小的波纹，从而形成带锯齿和波形的图形效果。

选中一个对象，如图 10-31 所示。选择"效果→扭曲和变换→波纹效果"命令，弹出"波纹效果"对话框，如图 10-32 所示。在该对话框中设置参数，单击"确定"按钮，即可使选中对象产生波纹扭曲效果，如图 10-33 所示。

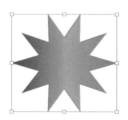

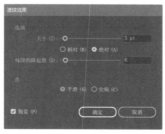

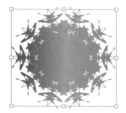

图 10-31　选中对象　　　　图 10-32　"波纹效果"对话框　　　　图 10-33　波纹效果

6. 粗糙化效果

使用"粗糙化"命令，可将选中对象的外形进行不规则的变形处理。一般情况下，都是将矢量对象外形中的尖峰和凹谷变换为各种大小的锯齿数组。

选中一个对象，如图 10-34 所示，选择"效果→扭曲和变换→粗糙化"命令，弹出"粗糙化"对话框，如图 10-35 所示。在该对话框中设置参数后，单击"确定"按钮，选中对象的粗糙化效果如图 10-36 所示。

图 10-34　选中对象　　　　　图 10-35　"粗糙化"对话框　　　　　图 10-36　粗糙化效果

7. 自由扭曲效果

使用"自由扭曲"命令，用户通过拖曳 4 个边角调整锚点的方式来改变矢量对象的形状。由此可见，"自由扭曲"命令与"自由变换工具"命令所产生的效果相似，都是通

 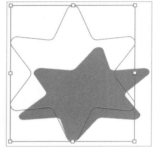

过拖曳控制对象的 4 个锚点来改变对象形状的。

选择一个对象，选择"效果→扭曲和变换→自由扭曲"命令，弹出"自由扭曲"对话框。在对话框中调整锚点位置，如图 10-37 所示。单击"确定"按钮，应用"自由扭曲"效果的对象外观如图 10-38 所示。

图 10-37　调整锚点　　　　　图 10-38　对象外观

提示

如果调整过程中出现意外情况或不满意现有调整，可以单击"自由扭曲"对话框中的"重置"按钮，将调整效果恢复为未调整之前；如果想要取消调整，单击"取消"按钮即可。

10.2.5　案例操作——使用"扭曲和变换"命令制作梦幻背景

源文件：视频 / 第 10 章 / 使用"扭曲和变换"命令制作梦幻背景
操作视频：视频 / 第 10 章 / 使用"扭曲和变换"命令制作梦幻背景

Step01 新建一个 Illustrator 文件。使用"星形工具"在画板中绘制一个六角星形并使用色谱色板填色，如图 10-39 所示。

Step02 选择"效果→扭曲和变换"命令，在弹出的"变换效果"对话框中设置各项参数，如图 10-40 所示，单击"确定"按钮。

Step03 使用"矩形工具"在画板中绘制一个与画板等大的矩形，如图 10-41 所示。

Step04 拖曳选中六角星图形和矩形图形，选择"对象→剪切蒙版→建立"命令，完成剪切蒙版后的画板效果如图 10-42 所示。

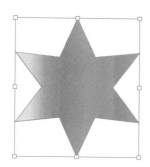

图 10-39　绘制六角星形填充色谱

图 10-40　"变换效果"对话框

图 10-41　绘制一个与画板等大的矩形

图 10-42　剪切蒙板后的画板效果

10.2.6　案例操作——使用"粗糙化"命令绘制毛绒效果

源文件：视频 / 第 10 章 / 使用"粗糙化"命令绘制毛绒效果
操作视频：视频 / 第 10 章 / 使用"粗糙化"命令绘制毛绒效果

Step 01 打开名为"1001.ai"的文件，效果如图 10-43 所示。双击工具箱中的"渐变工具"按钮，在弹出的"渐变"面板中设置线性渐变参数，如图 10-44 所示。

图 10-43　打开文件

图 10-44　设置线性渐变参数

Step 02 使用"星形工具"在画板中单击并拖曳创建图形，如图 10-45 所示。使用"直接选择工具"选中对象并拖曳控制点，将其转角调整为圆角，效果如图 10-46 所示。

Step 03 使用"选择工具"单击并拖曳复制图形，等比例缩小图形，效果如图 10-47 所示。双击工具箱中的"混合工具"按钮，在弹出的"混合选项"对话框中设置参数，如

图 10-48 所示，单击"确定"按钮。

图 10-45　创建图形

图 10-46　转角调整为圆角

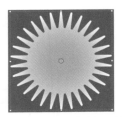

图 10-47　复制并缩小图形

Step 04 使用"选择工具"拖曳选中两个图形，按【Alt+Ctrl+B】组合键建立混合，效果如图 10-49 所示。选择"效果→扭曲和变换→收缩和膨胀"命令，在弹出的"收缩和膨胀"对话框中设置参数，如图 10-50 所示。

图 10-48　设置参数

图 10-49　建立混合

图 10-50　设置参数

Step 05 单击"确定"按钮，效果如图 10-51 所示。选择"效果→扭曲和变换→粗糙化"命令，在弹出的"粗糙化"对话框中设置参数，如图 10-52 所示。

图 10-51　扭曲效果

图 10-52　设置参数

Step 06 单击"确定"按钮，效果如图 10-53 所示。使用"选择工具"双击混合对象中较小的图形，将其选中，进入"隔离"模式，向上拖曳移动位置，效果如图 10-54 所示。

Step 07 退出"隔离"模式后，使用"选择工具"将画板左上方的图形移入毛绒图形中，效果如图 10-55 所示。

图 10-53　粗糙化效果

图 10-54　移动位置

图 10-55　毛绒效果

10.2.7　栅格化效果

栅格化效果的作用是将矢量图转换为位图，该命令与选择"对象→栅格化"命令

产生的效果相似。"效果"菜
单下的"栅格化"命令并不是
将矢量图形转换为位图，而是
将对象应用了类似"转换成位
图"的一种外观效果。

　　选中一个对象，选择"效
果→栅格化"命令，弹出"栅
格化"对话框，如图 10-56 所
示。在对话框中设置各项参
数，单击"确定"按钮，即可
为选中的对象应用栅格化效
果，如图 10-57 所示。

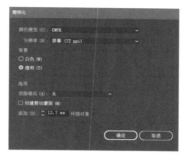 

图 10-56　"栅格化"对话框　　　图 10-57　应用栅格化
效果的对象

10.2.8　路径效果

　　选择"效果→路径"命令，弹出包含 3 个选项命令的子菜单，如图 10-58 所示。子
菜单中的"偏移路径"命令与"对象"菜单下的"路径→偏移路径"命令的功能完全
相同。

　　子菜单中的"轮廓化描边"命令与"对象"菜单下的"路径→轮廓化描边"命令
功能相同，都是将对象中的描边转换为填色；区别在于选择对象应用"效果"菜单下的
"轮廓化描边"命令后，用户可在"外观"面板中编辑"轮廓化描边"选项和转换后的
"描边"选项，如图 10-59 所示。

　　子菜单中的"轮廓化对象"命令与"文字"菜单下的"创建轮廓"命令拥有相同的
功能，都是将所选文字对象转变为矢量图形并让其可以应用更多效果的操作。

　　两个命令存在一些细微区别，为文字对象选择"创建轮廓"命令后，对象完全转换
为矢量图形，不再拥有文字的编辑功能；而为文字对象应用"轮廓化对象"命令后，用
户还可以在"外观"面板中编辑选项，如图 10-60 所示。

图 10-58　子菜单　　　图 10-59　轮廓化描边　　　图 10-60　轮廓化对象

10.2.9　转换为形状

　　使用"转换为形状"命令，可以将选中对象转换为矩形、圆角矩形或椭圆形。转换
后的对象只是外观发生变化，对象本身的路径形状不会发生改变。

　　选择要转换的对象，如图 10-61 所示，选择"效果→转换为形状→矩形"命令，弹

出"形状选项"对话框，如图 10-62 所示。在该对话框中设置各项参数，单击"确定"按钮，即可将选中对象转换为指定形状。图 10-63 所示为由多边形转换为圆角矩形的对象。

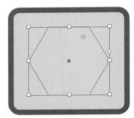

图 10-61　选中对象　　　　图 10-62　"形状选项"对话框　　　　图 10-63　转换为圆角矩形

10.2.10　风格化效果

图 10-64　"风格化"子菜单

在 Illustrator CC 中，使用"效果→风格化"命令选项中的各个子菜单命令，可以为对象添加内发光、圆角、外发光、投影、涂抹和羽化等效果，如图 10-64 所示。

1. 投影效果

选择一个对象，选择"效果→风格化→投影"命令，弹出"投影"对话框，如图 10-65 所示。用户可在该对话框中设置选项，设置完成后单击"确定"按钮。

2. 内发光 / 外发光效果

选择一个对象，选择"效果→风格化→内发光"或"效果→风格化→外发光"命令，弹出"内发光"对话框或"外发光"对话框，如图 10-66 所示。在对话框中单击"混合模式"选项旁边的颜色方块，将弹出"拾色器"对话框。在"拾色器"对话框中指定发光颜色。再在对话框中设置其他选项，单击"确定"按钮，完成添加效果的操作。

图 10-65　"投影"对话框　　　　图 10-66　"内发光"和"外发光"对话框

提示

使用内发光效果为对象进行扩展时，内发光本身会呈现为一个不透明蒙版；如果使用外发光为对象进行扩展，外发光会变成一个透明的栅格对象。

3. 圆角效果

选中一个对象，如图 10-67 所示。选择"效果→风格化→圆角"命令，弹出"圆角"对话框,设置"半径",如图 10-68 所示。单击"确定"按钮,即可为所选对象应用圆角效果,如图 10-69 所示。

图 10-67 选中对象　　　　　图 10-68 设置半径值　　　　　图 10-69 应用圆角效果

4. 涂抹效果

选择一个对象,选择"效果→风格化→涂抹"命令,弹出"涂抹选项"对话框,如图 10-70 所示。如果要使用预设的涂抹效果,可在如图 10-71 所示的下拉列表中选择一种涂抹预设,单击"确定"按钮,即可为选中对象应用该涂抹选项。

如果用户想要创建一个自定涂抹效果,首先需要选择"设置"选项中的任意一种预设,然后在预设选项的参数基础上调整"涂抹"选项,调整完成后单击

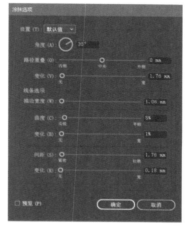

图 10-70 "涂抹选项"对话框　　图 10-71 菜单列表

"确定"按钮,即可为所选对象应用自定涂抹效果。

5. 羽化效果

选择一个对象或组,如图 10-72 所示。选择"效果→风格化→羽化"命令,弹出"羽化"对话框。在该对话框中设置"半径"值,如图 10-73 所示。单击"确定"按钮,应用了羽化效果的对象外观如图 10-74 所示。

图 10-72 选中对象　　　　　图 10-73 设置半径值　　　　　图 10-74 外观效果

10.3 添加 Photoshop 效果

"效果"菜单的下半部分命令主要作用于位图图像,使用方法与在 Photoshop CC 中为图像添加滤镜的方法相类似。这些菜单命令包括效果画廊、像素化、扭曲、模糊、画

笔描边、素描、纹理、艺术效果、视频、风格化 10 个效果组。图 10-75 所示为应用不同 Photoshop 效果的图形表现。

图 10-75　应用不同 Photoshop 效果的图形表现

10.3.1　案例操作——绘制切割文字

源文件：视频 / 第 10 章 / 绘制切割文字
操作视频：视频 / 第 10 章 / 绘制切割文字

Step01 新建一个 Illustrator 文件，使用"文字工具"在画板中输入文字内容并设置字符参数，效果如图 10-76 所示。打开"外观"效果，单击面板底部的"添加新描边"按钮，设置参数，如图 10-77 所示。

图 10-76　添加文字

图 10-77　设置参数

Step02 选择"对象→扩展外观"命令后，再次选择"对象→扩展"命令，弹出"扩展"对话框，如图 10-78 所示。单击"确定"按钮，单击"路径查找器"面板中的"联集"按钮，设置"填色"选项，效果如图 10-79 所示。

图 10-78　"扩展"对话框

图 10-79　文字效果

Step03 使用"矩形工具"在文字上创建一个细长的矩形，并旋转角度，效果如图 10-80 所示。使用"选择工具"拖曳选中文字和矩形，单击"路径查找器"面板中的"差集"按钮，如图 10-81 所示。

图 10-80　创建一个矩形

图 10-81　"差集"效果

Step04 右击，在弹出的快捷菜单中选择"取消编组"命令，多次使用"选择工具"选中图形并按【Delete】键删除，如图 10-82 所示。

Step05 选中文字图形，选择"效果→ 3D 和材质→ 3D（经典）→凸出与斜角（经典）"命令，在弹出的"3D 凸出和斜角选项（经典）"对话框中设置图 10-83 所示的参数，单击"确定"按钮。

图 10-82　文字效果

图 10-83　设置参数

10.3.2　案例操作——为文字添加发光效果

源文件：视频 / 第 10 章 / 为文字添加发光效果
操作视频：视频 / 第 10 章 / 为文字添加发光效果

Step01 接上一个案例，选中文字图形，扩展外观后取消编组，效果如图 10-84 所示。

Step02 使用"选择工具"和"吸管工具"为各个图形设置"填色"参数，调整图形位置后选中所有图形，如图 10-85 所示。

图 10-84　扩展外观并取消编组

图 10-85　填色效果

Step03 按【Ctrl+G】组合键将其编为一组，按【Ctrl+C】组合键复制编组图形，再按

【Shift+Ctrl+V】组合键粘贴图形。

Step 04 选择"效果→模糊→高斯模糊"命令，在弹出的"高斯模糊"对话框中设置参数，如图 10-86 所示。单击"确定"按钮，发光效果如图 10-87 所示。

图 10-86 设置参数

图 10-87 发光效果

10.4 本章小结

本章详细介绍了 Illustrator CC 中各项效果的表现形式和使用方法。通过本章的学习，用户应该可以快速掌握效果的使用方法并可以灵活运用。